国际电气工程先进技术译丛

配电系统运营商的高级智能电网

［法］ 马克·布瓦洛（Marc Boillot） 著
薛建彬 刘 欢 秦立静 等译

机 械 工 业 出 版 社

随着现代信息和通信技术的飞速发展，日渐老化的传统电网结构并不能满足用户对电力供应的多样化需求。在今天，绿色环保节能减排已然成为全球关注的热点问题。智能电网被认为是提高能源效率和可再生能源使用率、减少温室气体排放和改变能源布局的必由之路，也是未来电网发展的必然趋势。智能电网已成为世界各国竞相发展的一个重点领域。本书以智能电网概念发展中配电系统运营商（DSO）的角色变化为主线，为读者呈现了一个全面的智能电网知识资源库。按照逻辑顺序，本书分为 4 个部分，首先对在电力系统中起着关键作用的 DSO 和现有配电网的设计与运行做了详细阐述，然后介绍了智能电网的功能、智能电表和柔性选项，第 3 部分介绍了世界各国的智能电网示范项目，最后展望未来，并对全书做了总结。

本书可作为智能电网领域相关研究和管理人员以及高年级师生学习智能电网技术的参考用书，更是配电系统运营人员不可多得的实践指南。

译 者 序

智能电网建立在高速通信网络的基础上，通过先进的传感和测量技术、设备技术、控制方法以及决策支持系统技术的应用。智能电网的主要目标是实现电网的可靠、经济、高效、环境友好和安全运行的目标。智能电网将信息、计算机、传感器、自动化技术与电网基础设施有机融合，以建立安全可靠、经济高效、绿色环保、透明开放和友好互动的智能电网为发展目标。

作者在本书中详细介绍了配电系统运营商（DSO）在智能电网发展中的核心作用、DSO的核心业务及柔性选项，还就可再生能源（RES）、分布式和间歇式能源（风能、光伏）及各国智能电网试点项目的发展现状展开深入的探讨。由于智能电网的研究利用尚处于起步阶段，各国的国情和资源分布不同，发展方向和侧重点也不尽相同，通过对本书的学习，读者可以进一步掌握智能电网的相关基础理论知识，并了解全球智能电网的发展现状。

本书受到兰州理工大学研究生重点学位课程项目的支持，兰州理工大学薛建彬、秦立静和甘肃农业大学信息科学技术学院刘欢共同完成了本书的翻译、审校等工作，陈一鸣、王丹、魏素盼、姬雨、李俞虹、廖晓明、张龙、朱恒、梁艳慧、马维俊、张玺君、王璐、张恩展等人也参与了本书部分内容的翻译工作。

译者在翻译过程中，对原书存在的一些错误进行了注释，以便翻译得准确。如果书中仍然存在疏忽与错误之处，恳请读者批评指正。

译 者

2016年10月

原 书 序

在很多国家，由于一些社会问题，例如供电系统的可靠性、网络及传输的安全性、能量的传输与分配，以及气候的变化和固定资产的老化，智能电网的概念正在变得越来越显著。这些问题可以通过一些具体目标来呈现，例如欧盟在2009年通过的“气候和能源方案”，其中包括到2020年，CO_2排放量较1990年减少20%，将可再生能源（RES）占总能源消耗的比例增加到20%并且将其能源效率提高20%。前两个目标是欧盟所有成员国的共同目标。为了适应可再生发电技术的更大调度而带来的一些变化，人们需要更加重视电力系统的发展状况。在世界范围内，其他国家及地区可以根据自身的需求和优先级设置自己的目标。综上所述，通过一些强有力的监管激励机制，RES在全球将会得到极大的发展，尤其是在风能和太阳能方面。插电式混合动力电动汽车（PHEV）在全球汽车工业领域也在冉冉升起。

绝大多数RES都和电网的输电和配电等级息息相关。为了适应RES的发展，电网系统正在经历着前所未有的巨变。然而，对于一些国家，例如法国，95%的这些资源都处于以下配电等级，即一般以一种径向模式运行（单方向潮流），虽然这种模式极少有甚至没有能量传输网络，但已经算是智能的（和嵌入式监测、控制和保护技术一起被视为整个电气系统的支柱），到目前为止，配电网的智能技术尤其缺乏关注。随着上述变化的发生，配电网和可再生资源的发展走在最前沿，PHEV及其终端用户都期望在这个新能源模式中扮演一个更积极的角色。他们正转型为产销者（生产者/消费者）。

面对这些变化，需要利用更多信息和通信技术的优势来开发并集成那些使能技术和基于新能源技术的能源服务。整个能源链显得尤为重要，其中包含：智能电表、需求响应、存储、智能变电站、自修复、先进的可观测性和跨网络数据处理能力，以及它们可能带来的增值功能的组合等。

尤其是配电公司和配电系统运营商（DSO），将在其网络范围内面临一些前所未有的挑战。此外，面对挑战，他们必须以更加积极的方式回应，使更多电网使用者关心供电的质量、能源供给新用途的快速发展以及老化电力资产的有效管理，这些情况经常发生在不稳定的监管环境中。

本书正是针对配电等级和智能电网概念发展中DSO的角色所发生的一些迅猛变化而撰写。本书在某些方面给人们提供了一种独特的行业视角，如必需的技术、运营和规划股份、一些全球智能电网试点项目价值链的实例以及智能电网课程学习的一些原始观点和主要重点。本书囊括了配电网发展进程中有关智能电网的一些非常有用的知识，对于所有对智能电网这个课题感兴趣的读者来说，本书将会是一个很好的资源库。

希望本书可以获得企业和学术界的所有研究人员及工程师们的喜爱，你们都将会给智能配电网的未来发展做出不菲的贡献。

Miroslav Begovic
主席
美国电气电子工程师学会（IEEE）
电力与能源协会（PES）
2014 年 10 月

原书前言

智能电网是在电力网络中叠加信息与通信网络的系统。

其目的是将加固传统电网的投资降到最低的同时，将间歇性可再生能源（RES）（例如太阳能光伏和风能）以及电能的应用（例如电动汽车）在最安全的条件下整合在一起。

由于以上原因，配电系统运营商（DSO）将通过整合多种技术来开发智能电网，例如传感器、智能电表、信息传输与交换的加强链、实时分析、决策支持软件、自动化和远程控制功能等。

15 年来，DSO 在中压配电网做出了重要的投资，从而大大改善了服务质量，并且为用户降低了平均停机时间。这些投资也可能使可再生能源占总能源的份额得到提升，尤其是一些间歇性可再生能源。

未来几年人们所面临的挑战将是如何使低压配电网现代化，正如先前在中压配电网中所完成的工作一样。

Marc Boillot

2014 年 10 月

原书致谢

作者对完成本书给予过帮助的所有人致以感谢。

感谢 Nouredine Hadjsaid 和 Jean - Claude Sabonnadière，以及他们的鼓励与支持，没有他们，就没有本书。

感谢 Alain Doulet，他的配电网历史方面的知识、智能电网方面的才能以及预见未来的能力给予了我很大的帮助。

感谢 ERDF 所有的同事，尤其感谢那些来自智能电网、Linky、策略和国际工程（Smart Grids，Linky，Strategy and International projects）团队的同事，以及来自技术部和 IT 部的同事，最后还有参与智能电网项目建设的各个地区。

感谢所有致力于智能电网全球化来自欧洲、美国和亚洲各地的学者们。

感谢 G3 - PLC 联盟的同行和朋友们，正是因为大家的共同努力，才使标准化工作逐步走向成功，并且将 G3 - PLC 推广到 DSO 及全世界的潜在用户。

缩 略 语

6LowPAN	Network Layer Protocol of the OSI model　OSI 模型的网络层协议
ACER	Agency for Cooperation of Energy Regulators　能源监管机构的合作机构
AD	Active Demand　旺盛需求
ADEME	Agence de l' Environment et de la Maltrise de l' Energie (French agency for the environment and control of energy)　法国环境和能源控制机构
ADSL	Asymmetric Digital Subscriber Line　非对称数字用户线路
ADVANCED	Active Demand Value and Consumers Experience Discovery　旺盛需求价值和消费者体验发现
AENS	Average Energy Not Supplied　平均缺供电量
AMI	Advanced Metering Infrastructure　高级计量设施
AMM	Automated Meter Management　自动计量管理
AMR	Automated Meter Reading　自动抄表
ARIB	frequency band (155 ~ 403kHz) for PLC communication in Japan　日本 PLC 通信频带（155 ~ 403kHz）
ASK	Amplitude - Shift Keying　振幅键控
ASUI	Average Service Unavailability Index　平均供电不可用率指数
ATEE	Association Technique Energie Environment (French technical association for energy and the environment) 能源环境技术协会（法国能源和环境技术协会）
BAU	Business As Usual　一切照常
BEMS	Building Energy Management System　建筑能源管理系统
CAES	Compressed Air Energy Storage　压缩空气储能
CAPEX	CAPital EXpenditure　基建费用
CEATEC	Combined Exhibition of Advanced Technologies trade show in Japan　日本高新技术博览会
CEM	Clean Energy Ministerial　清洁能源部长级会议
CEMS	Community Energy Management System　社区能源管理系统

CENELEC - A	frequency band A (35 ~ 91kHz) for PLC communication in Europe 欧洲 PLC 通信频带 (35 ~ 91kHz)
CEO	Chief Executive Officer 首席执行官
CIGRE	Confernce Internationale des Grands Reseaux d' Electricite (International Conference on Large Electricity Networks 国际大电网会议
CHP	Combined Heat and Power 热电联产
CO_2	carbon dioxide 二氧化碳
CSI	Commercially Sensitive Information 商业敏感信息
DBPSK	Differential Binary PSK 差分二进制 PSK
DC	Data Concentrators 数据集中器
DCPS	Digital Controlled Primary Substations 数字控制主变电站
DPCR	Distribution Price Control Review 配电电价控制审查
DER	Distributed Energy Resources 分布式能源
DG	Distributed power Generation 分布式发电
DGCIS	Direction Generale de la Competitivite, de l' Industrie et des Services; this Direction has been transformed in September 2014, into DGE Direction Generale des Entreprise (French business executive) Direction Generale de la Competitivite, de l' Industrie et des Services; 2014 年 9 月已转变为 DGE Direction Generale des Entreprise (法国业务执行体)
DMS	Distribution Management System 配电管理系统
DOE/EIA	Department of Energy/Energy Information Administration 美国能源部/能源信息管理局
DSM	Demand - Side Management 需求侧管理
DSO	Distribution System Operators 配电系统运营商
DQPSK	Differential Quadrature DPSK 差分正交 DPSK
EC	European Commission 欧盟委员会
EET	Extreme Energy Transition 极限能量转换
EJP	Effacement "Jours de Pointe" (load management) Effacement "Jours de Pointe" (负荷管理)
EDF	Electricite de France (French electricity company) Electricite de France (法国电力集团)
EDSO	European Distribution System Operators 欧洲配电系统运营商
ENTSO - E	European Network of Transmission System Operator - Electricity

	欧洲输电系统运营商网络—电力
ENTSO - G	European Network of Transmission System Operator - Gas　欧洲输电系统运营商网络—燃气
ENWL	Electricity North West Limited　英国西北电力有限公司
EPRI	Electricy Power Research Institute　美国电力研究协会
ERDF	Electricite Reseau Distribution France（French electricity distribution network）Electricite Reseau Distribution France　（法国配电网）
EU	European Union　欧盟
EU FP7	EU' s Seventh Framework Programme for Research EU　第七科研框架计划
EV	Electric Vehicle　电动汽车
EWE	Energieversorgung Weser - Ems AG　能源供应 Weser - Ems AG
FCC	frequency band（150～487. 5 kHz）for PLC communication in the USA and other countries　美国和其他国家的 PLC 通信频带（150～487. 5kHz）
FEMS	Factory Energy Management System　工厂能源管理系统
FSK	Frequency - Shift Keying　频移键控
GHG	GreenHouse Gas　温室气体
GIS	Geographical Information System　地理信息系统
GPRS	General Packet Radio Service　通用分组无线服务
GSM	Global System for Mobile Communication　全球移动通信系统
GW	Giga Watt　吉瓦
HEMS	Home Energy Management System　家庭能源管理系统
HV	High Voltage　高压
ICT	Information and Communication Technologies　信息和通信技术
IEA	International Energy Agency　国际能源署
IEOD	Information Exchange and Operating Devices　信息交换和操作装置
IEC	International Electrotechnical Commission　国际电工委员会
IEEE	Institute of Electrical and Electronics Engineers　美国电气电子工程师学会
IFFT	Inverse Fast Fourier Transformation　快速傅里叶逆变换
IS	Information Systems　信息系统

ISGAN	International Smart Grid Action Network　国际智能电网行动网络
ITU	International Telecommunication Union　国际电信联盟
JRC	Joint Research Center　日本联合研究中心
KEPCO	Korea Electric Power Corporation　韩国电力公司
KPI	Key Performance Indicator　关键绩效指标
KSGI	Korea Smart Grid Institute　韩国智能电网协会
LAN	Local Area Network　局域网
LRE	Linky Radio Emitter Linky　无线发射器
LQS	Low Quality of Supply - customers　低质量的供电用户
LV	Low Voltage　低压
MAC	Media Access Control layer of the OSI model OSI 模型的媒体接入控制层
MEMS	MicroElectroMagnetic Systems　微电磁式系统
METI	Ministry of Economy, Trade and Industry　日本经济贸易产业省
MV	Medium Voltage　中压
NEDO	New Energy and Industrial Technology Development Organization　新能源产业技术综合开发机构
NOC	Network Operation Center　电网运行中心
NPV	Net Present Value　净现值
OECD	Organisation for Economic Co - operation and Development　经济合作与发展组织
OH	Off - peak Hours　离峰时间
OFDM	Orthogonal Frequency Division Multiplexing　正交频分复用
O&M	Operation and Maintenance　运行和维护
OPEX	Operation Expenditure　运营支出
PDN	Public Distribution Network　公共配电网
PH	Peak Hours　高峰时间
PHEV	Plug - in Hybrid Electric Vehicle　插电式混合动力汽车
PHY	physical layer of the OSI model　OSI 模型的物理层
PLC	Power Line Carrier　电力线载波
PSK	Phase - Shift Keying　相移键控
PV	PhotoVoltaic　太阳能光伏
R&D	Research and Development　研究与开发

RCD	Remote Control Device 遥控设备
REDOX	reduction and oxidation reactions electro - chemical batteries 电化学电池氧化反应
REMS	Retail Energy Management System 零售能源管理系统
RES	Renewable Energy Sources 可再生能源
RF	Radio Frequency 射频
ROUTE B	route for communications downstream the meter 电能表下行通信路由
RPS	Renewable Portfolio Standards 可再生能源配制标准
RTU	Remote Terminal Unit 遥控终端单元
RTE	Rseau de Tansport d'Electricite (Electricity transport network) Rseau de Tansport d'Electricite （输电网）
RWE	Rheinisch - Westfälisches Elektrizitätswerk AG
SAIDI	System Average Interruption Duration Index 系统平均中断持续时间指数
SAIFI	System Average Interruption Frequency Index 系统平均中断频率指数
SCADA	Supervisory Control And Data Acquisition 监控和数据采集
SCE	Southern California Edison 南加州爱迪生电力公司
SFSK	Spread Frequency Shift Keying 扩展频移键控
SG	Steady Growth 稳步增长
SGCC	State Grid Corporation of China 中国国家电网公司
SME	Small and Medium Enterprises 中小型企业
SMI	Small and Medium Industries 中小型产业
SNMP	Simple Network Management Protocol 简单网络管理协议
SNR	Signal - to - Noise Ratio 信噪比
STN	Switched Telephone Network 电话交换网
TIC	Tele - Information Client 远程用户信息端
TFTP	Trivial File Transfer Protocol 简单文件传输协议
TSO	Transmission System Operators 输电系统运营商
USP	Unique Software Package 特有软件包
VPP	Virtual Power Plant 虚拟发电厂
WAN	Wide Area Network 广域网

目 录

第 0 章　欢迎来到“高级智能电网”

本书是关于智能电网的，共 8 章。

第 1 章：变化环境中的配电系统运营商。这章阐述了能量转化的过程，全世界许多面临需求增长和可再生能源（RES）发展的地区正在将能量进行转化。配电系统运营商（DSO）在电力系统中起着关键的作用。DSO 在配电网的核心区开发了智能技术，并且担当了市场引导者的角色。他们还充分利用了现有的技术、新能源技术以及支持这些能源技术的信息和通信技术。

第 2 章：现有配电网：设计与运行。这章所强调的理念是引导配电网的发展。对于选择的数量和电压等级的数值、中压（MV）中性点的处理及其所需的质量等级，全世界都通过各种不同的技术途径来解决这些问题。例如法国，回顾其在 1960 ~ 2010 年的一些技术选择如下：改变 15kV/20kV 电压，改变中性点的处理，向地下中压（MV）电网和低压（LV）电网转换，将其行动目标定位于提高质量和降低气候灾害的敏感度。

第 3 章：高级智能电网的主要驱动及功能。本章主要介绍智能电网。RES 的大量输入促进了电网的实时可观测性发展，同时增强了电网的控制。目标是允许电网增加其 RES 载运量的同时使成本最优化。可以利用约束机制的动态管理方案来实现这个目标。二次变电站是一个重要的元素，因为它有可能会变成一个特殊的可观测点，而且作为信息技术（IT）和下层应用之间的通信节点。未来电网的管理必须对电网的实时及预估状态有更深的认识。归根结底，智能电网用于电网的运行和发展及其约束机制的动态管理。

第 4 章：计量：DSO 的核心业务。在这一章，主要关注的是智能电表：高级计量基础设施（AMI）。DSO 在最佳位置部署并管理计量基础设施，这些设施构成电网的一部分。智能计量系统已经成为一个标准，它可以提供改变调整率的解决方案、提高用户满意度、使能量转化成为可能，并提高配电性能。电力线载波（PLC）技术在其最高版本 G3 - PLC 中已提出。根据智能电表测量的数据和电网事件能够检测为用户提供低质量供电的情况、检测任何特定地区的供电质量、监控电力质量等。由此，智能电表为智能电网的发展起到了促进作用。

第 5 章：柔性选项。本章主要研究柔性选项以及如何管理需求。DSO 作为市场引导者，可以从市场参与者手中购买“柔性”解决方案，或者对电网进行强化。在这些选项中，值得注意的是 RES 位置管理、局部峰值管理、发电动态管理以及无功功率管理等。为说明此观点，提出智能电表是柔性的服务主体：有了这个新工具，能源供应商将可提供新定价以限制局部峰值功率并优化能源消耗。智能电表作为一个电网和用户之间的桥梁，可以为市场参与者（供应商、整合者、用户等）提供有效数据，以便使他们更好地适应其作业。

第 6 章：试点项目及应用案例。本章介绍了世界各地处理重大技术主题所实施的众多智能电网示范项目。创建用例方法以装备智能电网项目（业务流程的描述、IT 功能、经验反馈等）。本章用 6 个示例来介绍欧洲项目 Grid4EU，同时也将对关于需求侧管理的 ISGAN 案例汇编中的 4 个案例加以介绍。

第 7 章：智能电网是 DSO 的未来。本章的目的是定义 DSO 发展智能电网的条件。智能电网的发展需要一些新的条件：大数据、本地发电和需求的预测、电信和 IT 基础设施的管理，此外，还包括 DSO 的共享界面等。智能电网的发展给 DSO 提供了独一无二的机会：高科技图像和技术创新，作为电网发展的关键者，DSO 需对用户和市场参与者的社会及环境期望负责。

第 8 章：主要结论。本章对本书的一些主要结论作了总结：智能电网中叠加了通信网络和处理监控系统，在当前和未来电网的发展中处于首要位置。DSO 是电力系统中的核心角色：DSO 确保了电压等级在局部范围的稳定性。预测管理成为风能和太阳能发电必不可少的工具，它也可以导致预期约束条件的产生。为了解除这些约束条件，DSO 实现了柔性功能。DSO 不是一个甩负荷的参与者：它使新的具有柔性功能设备的出现成为了可能。智能电表的广泛分布为市场参与者和用户提供了很多优势。用户可以凭借其本身的实力变为一个参与者，并且可以影响自身的能源消耗。智能电表也旨在让 DSO 可以监控 LV 电网并且可以更好地对其进行控制。智能电网象征着一个真正的工业契机，同时大大提升了 DSO 的吸引力。

第 1 章　变化环境中的配电系统运营商

1.1　能源政策推动能源转型

在过去的 30 年中，强劲的经济增长和人口增加导致全球能源需求的大幅增加。许多预测报告一致认为，在接下来的 30 年中全球能源需求将继续以此速度增加。另外，中国和印度的经济增长促使非 OECD（经济合作与发展组织）经济体的发展速度加快。

为了支撑能源需求，全球净发电量在 1990 ~2010 年迅速增加，并在 2010 ~ 2040 年其所占总需求的比例与日俱增，如图 1.1 所示。

由于人们生活水平的提升，对家用电器及电子器件的需求也随之提高，终端用户的用电量预计比其他能源使用量的增长速度更快。而且随着一些专业部门（例如医院、写字楼、商业服务、大型购物中心等）需求量的不断扩大，耗电量也会随之增加。

联合主要能源进行发电将会发展成为未来 30 年的重要发电方式。

根据美国能源部/能源信息管理局（DEO/EIA）参考案例推测，可再生能源（RES）的份额将从 21% 增长到 25%——世界上增长最快的电力来源。全球水力发电将占总增量的 52%，风力发电占 28%，这种情况对不同的地域和国家而言有很大差别（见图 1.2）：

—由于所有的资源都已被开发（除了加拿大和土耳其），所以 OECD 国家的大部分 RES 都来自于非水电能源；

—在非 OECD 国家，水电能源被认为是主要的增长来源（尤其是在巴西、中国和印度）。然而，风力发电电能的增长率也很高。尤其是在中国，风力发电从 2010 年的 6% 提高到 2040 年的 26%（预计各自产生 45~637TWh 的发电量）。

面临能源需求日益增长的挑战，世界许多地区都在经历一个动态能源转化的阶段。RES 的电力生产越来越多，尤其是间歇性 RES。到 2012 年，全世界将安装超过 280GW 的风电场和 100GW 的太阳能光伏（PV）。国际能源机构（IEA）预测短期内，到 2017 年，将继续安装 +230GW 的风电场和 +210GW 的太阳能光伏。

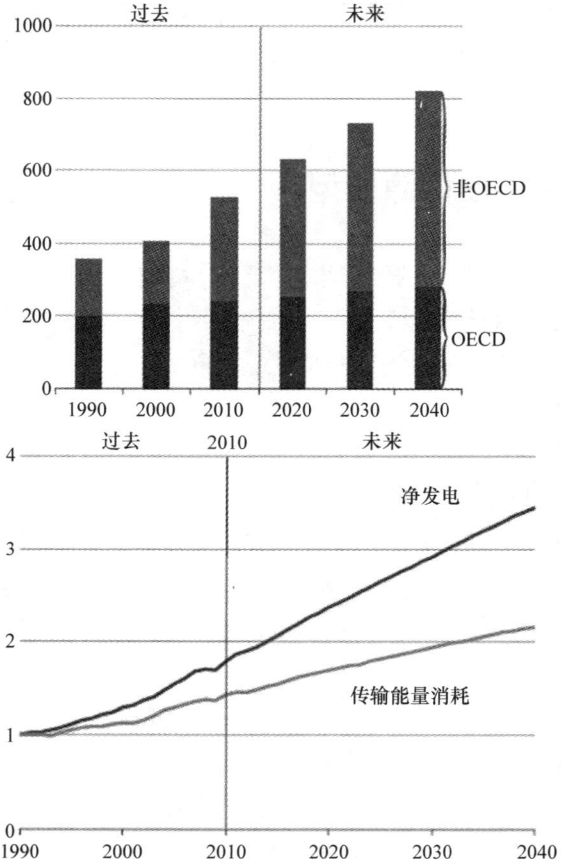

图 1.1　1990 ~ 2040 年世界能源消耗总量（千兆英热单位[一]）[二]和世界发电量（指数 1990 年 = 1）[三]。彩色图片，请参阅 www. iste. co. uk/boillot/smartgrids. zip

---

㊀ 英热单位（Btu）：1Btu = 1. 05506kJ。——译者注

㊁ 来源：EIA - 2013 年世界能源展望。

㊂ 来源：EIA - 2013 年世界能源展望。

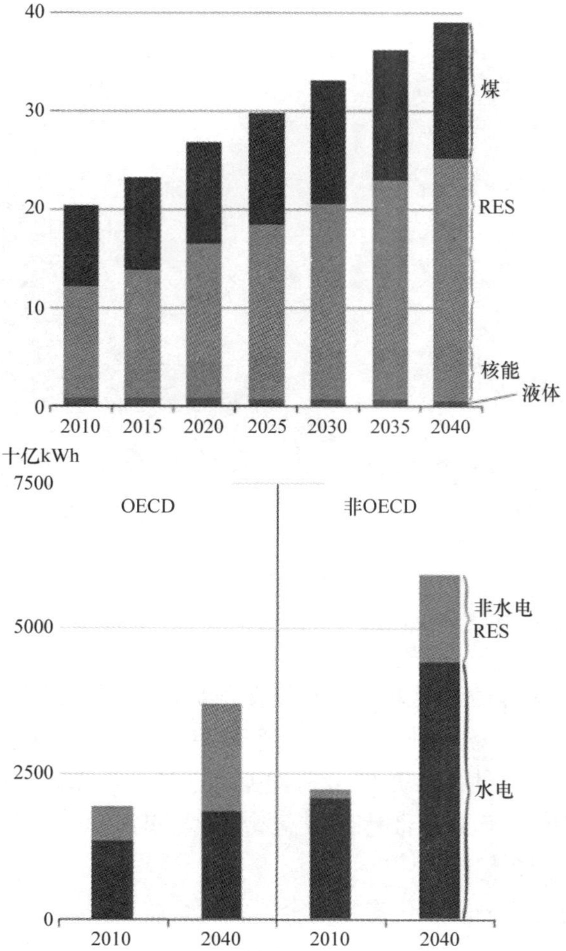

图 1.2　2010～2040 年世界燃料发电（万亿 kWh）和 2010～2040 年世界 RES 发电[㊀]。
彩色图片，请参阅 www. iste. co. uk/boillot/smartgrids. zip

许多政府组织鼓励绿色交通运输设施的发展（火车、公共汽车、电车等），而且汽车制造商现在广泛提供插电式混合动力汽车和其他电动汽车（EV）（2012 年 12 月，约 180000 辆插电式电动汽车已经投入使用[㊁]，见图 1.3）。

㊀ 来源：美国能源信息管理局（DEO/EA）－2013 年世界能源展望。

㊁ 来源：IEA－2013 年全球 EV 展望。

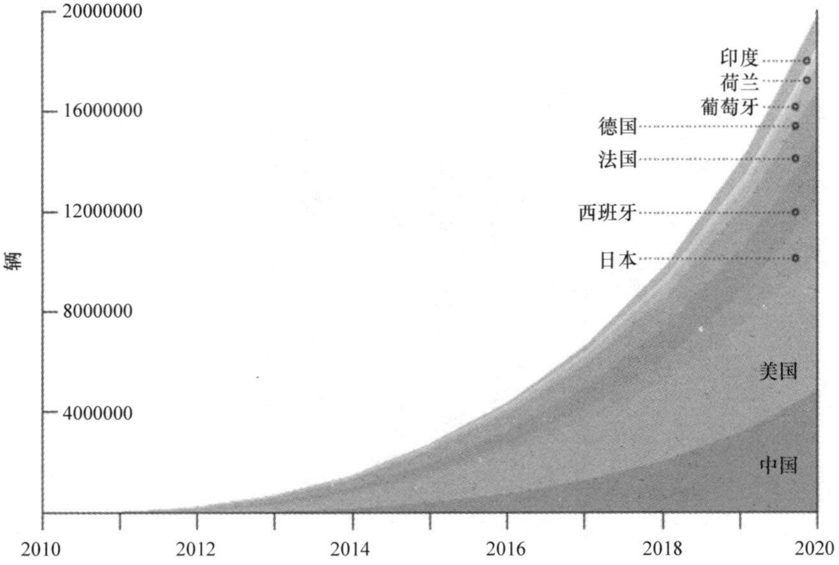

图 1.3 世界各地 EV 的发展演变（插电式和混合插电式）。资料来源：IEA－全球 EV 展望 2013。彩色图片，请参阅 www. iste. co. uk/boillot/smartgrids. zip

最后但同样重要的是，消费者正在改变他们对节能的态度。智能电表的大规模推广将促使节能服务产业的发展。到 2013 年 12 月，全世界有超过 8000 万台智能电表已经投入使用，其中包括美国㊀的 4600 万台。根据 HIS 公司㊁预测，这个数字到 2014 年年底将达到 1 亿台。据 Pike Research㊂公司预测，到 2020 年年底将达到 10 亿台。

发电方式和消费趋势的变化将影响全球能源系统：

—生产商必须改变其商业模式，使他们对现有发电设施的投资可以产生盈利，并且使越来越多的间歇性 RES 的能源组合运营管理最优化。

—传输系统运营商（TSO）必须预见供需比不平衡的风险，此风险可能导致频率下降以及突发停电的状况；TSO 还必须发展互连。

—配电系统运营商（DSO）必须连接大量分散的 RES 发电、电动汽车充电站、现代化电网和应用智能电网技术，包括计量系统。

㊀ http：//www. edisonfondation. net。

㊁ http：//www. cepro. com/article/100 _ million _ smart _ meters _ to _ be _ installed _ worldwide _ in _2014。

㊂ http：//www. navigantresearch. com/newsroom/the－installed－base－of－smart－meters－will－surpass－1－billion－by－2022。

—在竞争日益激烈的背景环境下（渐进式的市场开放，关税监管的终结），能源供应商必须重新评估其供应和服务来对消费者的期望做出回应。

由于间歇 RES 发电装置主要与配电网相连接，所以能量转换会对 DSO 产生重大影响。例如，法国，2013 年年底，94% 的 RES 装置，大约 300000 连接到配电网并产生了 11.4GW㊀的电力。

为了跟上当前能源容量的需求，RES 装置的总容量必须比当前集中热能或核能发电站的容量大近 5 倍。在法国，风能和太阳能发电站的平均运行时间大约分别是每年 2000h 和 1000h，而热或核发电站运行时间每年至少能达到 7000 ~ 8000h。更重要的是，风能和太阳能光伏发电是无法保证的，与其需求的关联性通常较低，其发电一般取决于地理位置和使用类型。

欧洲 DSO 的情况

在欧洲，有 2400 多家从事配电业务的公司，这些公司为大约 2.6 亿名相关用户提供服务，为 5 亿多人供电，近 1000 万 km 的输电线，每年配电 3000TWh，并直接雇佣超过 240000 人㊁。

在大多数欧洲国家，间歇式能源发电发展非常迅速，到 2012 年年底，风能总装机容量达到 106GW，光伏总装机容量达到 70GW㊂。这些工厂的绝大多数与配电网相连。随着多样需求和电动汽车的发展，DSO 的角色将发生重大转型。

电力系统面临的真正挑战——配电网的转型范例。过去，为了分配 HV/MV 变电站的电力到输电电压，最终到达终端消费者，经常将配电网设计成放射状。随着能源的转换，未来配电网运行和管理方式也将发生变化。配电网需管理更加复杂的互连网络，这些互连网络包含了发电和多样性的需求，以及从配电到输电网的流向变换。同时，新的市场参与者正在崛起，如负载缩减者、虚拟电厂运营商和整合者等。

然而，电力系统的基本原则没有改变。电能在消耗的同时必须产生，而只有少量可以存储。同时，电压和频率水平必须保持在规定的范围内，以确保电力供应的安全与稳定。

智能电网是必然的发展趋势。为了应对能源转型的挑战，电力网络需要更高的反应和柔性以确保系统的安全与稳定，同时需要加强市场参与者之间的互动。智能电网将先进的电力网络技术与信息通信技术结合以促成上述目标的实现。

智能电网的基本原理：

㊀ ERDF - 2013 年关键指标。

㊁ IEEE P&E 杂质文章——未来的配电，欧洲的观点。

㊂ 来源：ObservEr：Etat des energies renouvelables en Europe - 2013。

1）通过传感器和遥控装置收集电网数据（例如智能电表）。

2）分析短期电网的状态。

3）通过开发先进的处理各种干扰和故障的工具和策略来维持或提高供电质量（从预测性维护到自愈电网）。

4）RES 发电；模拟电网的约束条件（短期、中期和长期方式），并找到安全管理电流的解决方案。

5）交互插电式混合动力电动汽车（PHEV）的优化管理。

6）开发节能服务：通过耗电量信息和电力使用管理允许信息实现。

7）管理峰值态势和终端用户的智能交互（consum'actor）。

DSO 在智能电网调度中发挥核心作用。DSO 负责配电网的可靠运行，作为市场的推动者和服务商，DSO 应该：

—确保智能电网和谐统一调度；

—启用新服务调度；

—促成新灵活性的运行和控制［存储、调峰程序、容量管理（产量和需求量）、动态关税等］；

—为用户、供应商和其他市场参与者提供数据并确保其安全性和可用性。

1.2　科技革命的新纪元

120 多年来，配电部门成功地解决了需求增长伴随着经济和人口增长带来的技术和金融挑战。

配电系统本质上是一个容量网络，具有即时性和鲁棒性，以最少的复杂系统为特色；其功能仅限于从上行（高压输电网）转移能量到下行（用户）。鲁棒性在一定程度上取决于大量可靠性易保证的设备，这些设备通常较为基本和简单。鲁棒性确保了运行安全的需求，在引入新信息和通信技术（ICT）的同时，也要采取特别预防措施，因为 MV 装置周围的电磁环境可能会遭到破坏。

如今，配电系统已逐渐加入了一些新功能：电网断路器和开关的远程控制、防止意外事件导致用户供电中断的自动化设备以及降低运行成本的远程监控系统。尤其是法国，自 2000 年开始，优先部署数字控制主变电站（DCPS）。

这些发展将简单配电网络转变为一个由 3 个高度协同标准组成的系统：电力网络、电力网络关键节点之间的通信网络和集中控制指挥系统，还有信息处理和监控系统。每个标准都将面临自身的主要难点：

—电力网没有经历技术革命，其最古老的装备已然有了岁月的痕迹。进行装备的优化更新是目前面临的主要挑战。运行设施以至其极限，同时也要注意到设施的使用寿命是十分必要的。这表明了基于分散传感器的实时监控系统的重要性。

—通信网络是现代化电力网的关键。如今，通信网络可基于各种技术：专用线路、电力线载波（即使用电流作为信号的支持）、短波无线电、微波传输和光纤等。这些技术可允许将各种不同的传感器连接到单个中央监测点上。

—不论输入数据量的大小，信息和监控系统都必须保持其性能，并且在集中式和分散式智能化之间找到平衡点。

为了解决以上挑战，DSO 将采用一系列新技术，这些技术需与当前或未来的技术相结合。麦肯锡全球研究所（McKinsey Global Institute）最近发表了一项研究报告[㊀]指出，到 2025 年，12 种技术将可能取得最伟大的突破性进展。这些技术包括储能、物联网和大数据等。

在 DSO 核心业务的中心，最引人注目的突破将或许与微电磁式系统（基于 MEMS 的传感器）、纳米技术和电力电子学一起取得进展。

因此，高级智能电网会将不同技术的组合运用在集成和互操作解决方案中。一些技术已经成熟（如智能电表和电网自动化），其他技术预计 10 年之内可投入使用（储能和智能家居通信设备）。

㊀ 2013 年 5 月 – 突破性技术：将转变全球经济模式。

第2章　现有配电网：设计与运行

配电网是电网的一个重要组成部分。这些配电系统将集中式发电设施和广阔的分散式消费区域相连接。若HV输电网传输大量的高压能量以降低损耗，则配电网可以拓展其业务范围及逐步降低电压值使消费者/用电器具适于连接到电网，从而为规模较小的区域提供服务。

三大主要目标（现今仍然适用）决定了开发和运行配电网的决策过程：

1）优化公共基础设施的投资成本（使成本、性能和使用寿命之间达到平衡）；

2）不管气象条件、人为失误还是生产和消费的实际变化所致的可能中断会不会发生，都要有效提升电网的可靠性；

3）确保配电质量等级符合监管机构的要求（各材料的电压计划和热极限等级）。

2.1　智能电网仍是电网

解决智能电网问题之前，重要的是解释什么是电网、为什么发展及如何发展和运行，最后，配电系统运营商（DSO）将智能技术逐步地融入电网中。

世界各地已创建各种不同的技术方案开发配电设施。首先，在研究一些欧洲、美国和亚洲案例之前，本章旨在给读者提供一些指引，以便更好地理解配电概念和运行的根本原理。其次，也会着眼于新能源模式背景下，开发配电系统的经典方法的极限。

部署智能电网的架构依赖于多个级别的软件和基础设施的组合，以便将通信、度量、监控机制引入电网。这些机制中的一些功能和组件已使用了很多年，并且在智能电网的概念产生之前就已经融入现代电网（例如，欧洲）。

可以在智能电网中找到组件和系统的主要类别：

—电力基础设施（输电和配电）：传输交流或直流电；

—度量工具：收集有关基础设施状态的“原始”数据；

—通信基础设施：提供不同层次的信息交换；

—控制和检测系统：通过度量工具和检测的异常现象分析信息；

—操作系统：远程操作不同的系统组件。

2.2 DSO是电力系统的核心参与者

整个电力系统基于3个基本组成部分：发电、电网和消费者。

如前所述，产生能量的来源有许多，尤其是化石能源（天然气和燃煤发电厂）、核能和水力（从河流到大水坝）。这些发电源，在历史上统称为“集中式能源”，是以相对较小的数量进行发展，同时能够满足大量消费者的需求。这种方法是通过共同承担成本从而达到经济最优化的。发电站的运营方式是满足每位用户的供电需求。然而，在过去的10年里，分散式发电（风能和太阳能）也经历了巨大的发展。这种发电的特点是低压（LV）、间歇高、广泛传播并且与电力需求相关性很弱。后者尤其适用于太阳能光伏能源。

消费者是供电网的低端，可划分为不同类别：用电密集型（钢铁工业、铁路运输等）、企事业单位以及居民消费者。他们的需求很简单：提供具有竞争性价格的不间断电力接入以及其活动所需的电力。一些大型单位有自己的备用电源库，如燃油发电机。随着可再生能源和可持续发展政策的逐步深入，工商业和居民消费者也开始转向小型局部性发电方式，特别是太阳电池板发电。通常，这些发电设施只适合本地电网。

电流是很难以经济可行的成本进行存储的。所以，电能一旦产生，就必须立即消耗，相反地，由于消耗需求，故而产生电能。因此，供电网始终致力于为生产者和消费者提供直接连接。最重要的是，这种连接的管理者必须维持能源供应和能源消耗之间的平衡。它们是电力系统的核心。

当前电力系统主要有两大类：输电网和配电网。输电网允许以最小的焦耳效应损耗从发电厂到消费者具体地理位置的远距离高压电（法国，400kV、225kV、90kV）输电。配电网接管这段输电的后半部分，在连接点称为一次变电站，通过逐步降低电压，使之与用电器的需求相匹配，从而向终端消费者传送电力。配电网本身就分为两个部分，中压（MV）网（法国，20kV）和LV网（法国，400V）。

尽管输电网的覆盖范围很广，但是在组合式线路长度方面的覆盖范围依然相对较小。配电网的作用就是为每个消费者传输电力，不论他们的位置是否在覆盖区域内。因此，配电网的整个线路长度最大，在法国领土上，配电网的线路长度是输电网的13倍。

在传统意识中，电力系统被认为是所谓的垄断行业，囊括了从能源发电到电力销售的所有过程。多年来，为了进行能源发电和商业化活动，从而加快了市场自由化进程，然而电网运行仍处于“监管”范围内，成了自然垄断的一部分。实际上，通过增加输电和配电基础设施，几乎没有共同利益的竞争。相反，却有利于在电网内部进行合伙投资，以促进在不受监管的发电和商业化环境下商家的商业活动。

这段时期，市场的开放化和分拆的传统商家使得系统运营商的功能和目标更加明确，特别是 DSO：

—维护配电基础设施并使其现代化（输电线、变压器等），无论它们是私有的还是公有的；

—开发和维护计量基础设施，记录每个消费者所消耗的和每个生产者所生产的能源；

—保证供电的质量；

—保证供电安全；

—提供电网的任意访问权限，连接所有新的发电和消费设施，不论是电力供应商还是用户；

—促进市场竞争机制的实现，同时保持中立的立场。

此外，DSO 的目标和任务可能依据国家和运营商的规模（从拥有几十万用户到数千万用户的运营商）而发生变化。

最根本的是，在任何情况下，DSO 都必须向每个消费者输电（能量和性能），并且保证其质量和安全。DSO 需使用一切技术手段对电网的运行进行必要的监控，查看是否正常运行，以确保不存在可导致供电服务中断的风险。

可再生能源（RES）、电力新用途和新服务的广泛普及以及极端天气事件（大暑或大寒天气、洪水和暴风雨）的频繁发生，是电网运行条件近来发生变化的根源，因此，DSO 在配电领域的地位更加突出，有利于消费者和市场参与者。

2.3 必须掌握的技术和监管条件

DSO 在工作中会面临许多技术和监管条件的限制。在过去的 30 年时间里，人们对技术和监管条件这一领域的投资从未间断，这些条件是配电系统的设计和运行基础。

DSO 必须克服两个主要操作限制因素：电压波动和电力峰值。

电网运营商必须遵守许多有关电能质量的约束条件。输电系统运营商（TSO）负责信号频率，不能偏离额定频率超过 0.5Hz。为了保持系统的稳定性，频率实际上是维持在 0.05Hz 以内。DSO 负责电压，在 MV 电网中必须保持电压在 5% 的偏差范围之内，在 LV 电网中电压需保持在 10% 的偏差范围之内。

当运营商缺少必要的安全防护措施时，电压的严重衰退可能会导致广域网崩溃，所以电压波动的管理是至关重要的。波动可能对设备也有直接的影响：电涌期间，波动会引起电压衰退并使设备的使用寿命降低，从而导致欠电压期间电力损耗的增加，如图 2.1 所示。

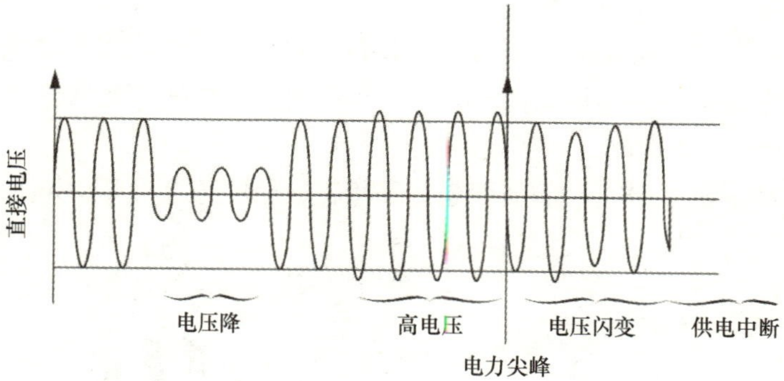

图 2.1　电压波动[㊀]

DSO 需能够满足所有连接到电网的用户的全部功耗。一天中不同的时间段，用户的用电消耗是不同的，天气条件（大暑或大寒等）也会对用电需求产生一定的影响。DSO 除了具备预测日常能耗变化的能力，还需要拥有能够预期峰值能耗变化的功能。总之，为了保证系统在关键时期的可持续运行，DSO 应该确定电网的大小（见表 2.1）。

表 2.1　不同类型的电压扰动

干扰	定义
电压暂降	短暂的 RMS 值下降——几毫秒到几秒
电力尖峰	RMS 值或瞬时电压值非常短暂的飙升
闪变	迅速和相对较弱的电压 RMS 值波动
欠电压	电压 RMS 值（几秒或几分钟）始终低于允许的最小值——通常为额定电压的 90%
电涌	电压 RMS 值始终高于允许的最大值——通常为额定电压的 110%

除技术性制约之外，DSO 也需要重视有关供电和可靠性规定的逐渐变革。

随着监管机构的建立，市场自由化和传统供应商的分拆已有条不紊的展开。每个监管机构除了监督市场分拆过程和行为主体的活动，还提供了确保电网所有消费者的投资效益和高质量的监管机制。激励性监管机制通常是实现关键绩效指标（KPI）和基于成绩的考核系统。

㊀ 来源：CRE - http：//www. cre. fr/reseaux/reseaux - publics - d - electricite/qualite - de - l - electricite。

为此，许多国家定义了一些指标以测量服务的连续性，一般以一年的时间为准。两个直接关系到用户服务质量的指标：

—系统平均中断持续时间指数（SAIDI），每位用户平均累积停电持续时间；

—系统平均中断频率指数（SAIFI），每位用户长时间中断（通常大于3min）的平均频率。

法国总耗电量（TWh）的演变趋势和年耗电量峰值（MW）如图2.2所示。

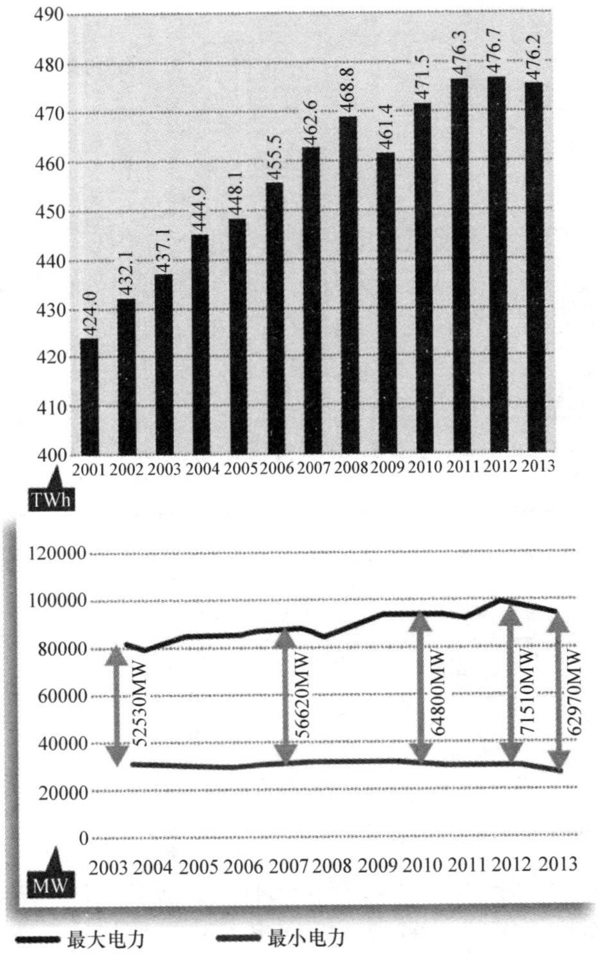

图2.2 法国总耗电量（TWh）的演变趋势和年耗电量峰值（MW）[1]。

彩色图片，请参阅 www. iste. co. uk/boillot/smartgrids. zip

[1] 来源：RTE – bilan éleectrique 2013。

电在人们的日常生活中是“必不可少”的，而且用户逐渐地对低功率供电质量失去了兴趣。如果超出用户惯常的供电质量水平，低质量供电会影响到此地区的经济。尤其是数字、卫生、交通、连续工业过程领域的企业会受到供电故障的影响。

DSO 必须利用这些质量指标决定投资量，以减少故障和其经济影响。

配电网除了执行正常运行和维护（O&M）工作，还需要具备预测功能并克服技术和监管约束条件。DSO 可以构建一个“投资总体规划”，从而预测将来 5 ~ 10年的电网演变趋势，并设计一个工业政策统筹材料、技术甚至一线业务合作伙伴的抉择。

当代的 DSO 目前正处于一个转折点。过时的电网，再加上越来越多 RES 的快速整合，以及新能源使用有可能大大提高电网故障风险。因此，为了控制约束条件和保证供电质量，同时限制投资进入电网增强体，高级智能电网技术的应用必须系统化。

2.4 电网设计概述

组成配电网的几个关键要素：变电站（见图 2.3），为两个不同电压等级电网之间提供接口；高架或地下线路，为辖区输送电力；开关设备，管理运行方案及故障；可调部件，如冷凝器；还有传感器、数字设备以及用于监控的软件。本节旨在向读者介绍这些要素，并支持广大读者通过更详尽的文章和文献进行进一步探索[⊖]。

图 2.3 变电站实例：数控设备和变压器

⊖ 实例见文献［HAD 11，HAD 13，DOU 14a，DOU 14b，PER 84］。

2.4.1 能量变压器

HV－MV 变电站，称为一次变电站，连接着输电和配电网。一次变电站除提供变电之外，也可配备负载分接头转换器，允许 1% 的跨步电压调节。这个功能减少了下游 MV 电网的电压波动，从而使其保持在规定阈值之内。

配电网分为两部分：MV 和 LV。MV/LV 站，也称为二次变电站，是 MV 和 LV 电网之间的接口。因为缺少分散式发电，为了限制损耗和电压跌落，配电网需在更高压的环境下运行。因此，配电站将 MV 接入尽可能靠近消费者的区域。

输电网供给配电网有多种方式。体系结构的选择取决于一些技术经济参数，如所需的服务质量和冗余和/或能量平衡（见图 2.4）：

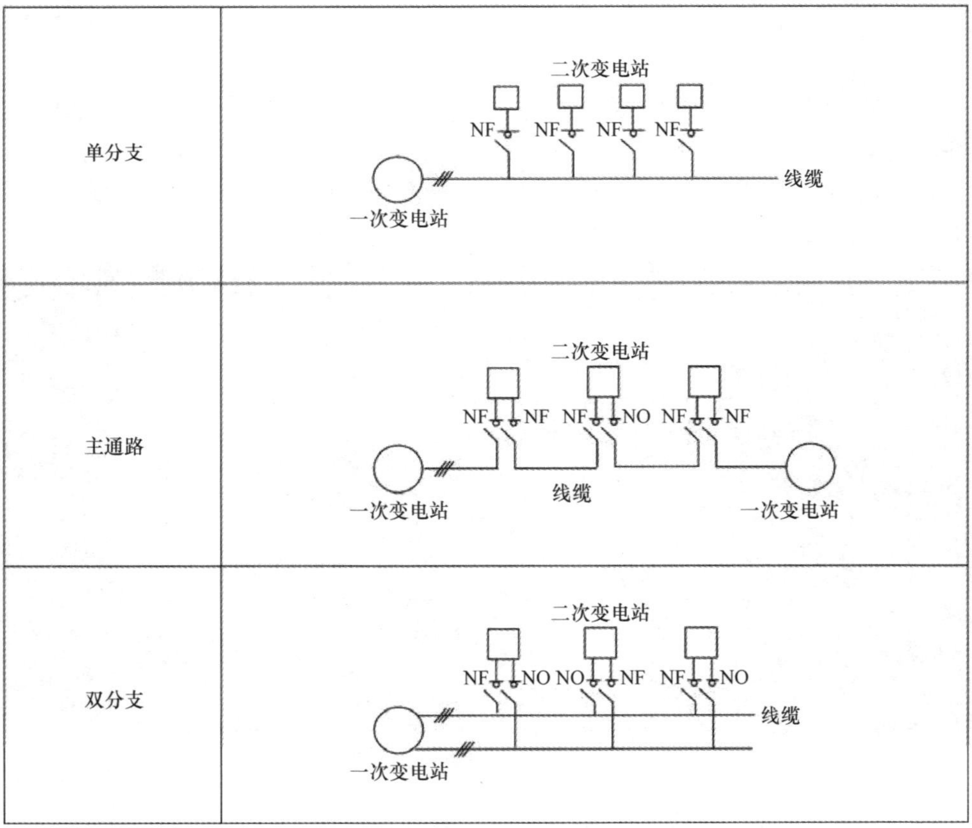

图 2.4　HV/MV 系统供电[HAD 11]

—单分支：输电变电站从单线线路为串联二次变电站提供电能；这种方式下，如果变电站上游发生电涌或微扰的情况下没有保障措施。

—“主通路”：两个一次变电站为串联二次变电站提供电能，其接口是由交换机进行管理的；当上游发生电涌或其他问题时，该交换机可将配置更改为下游二次变电站并保持其供电质量。

—双分支：输电变电站为串联二次变电站提供两条并行输电线路；这样可通过分配线路间的工作负载获得更多的灵活性。

二次变电站可以是柱式安装，或位于地上/下。

二次变电站除了可以进行电能转换，也可以提供保护装置、电能表、电压和电流传感器、命令控制式设备等。

2.4.2 布线与架构

MV 和 LV 系统电缆都可以安装到柱上或置于地下。地下安装方案一般用于城市地区，以及天气状况可造成断电风险的农村地区。架空安装方案通常用于农村地区。相比于地下安装方案，架空安装方案更易于维护（检测缺损和改变电缆），而且更经济实惠。架空方案中导线类型（铅、铝等）的选择取决于所需的技术和经济性能。

配电网通常支持树枝状结构

当缩放线径和设备尺寸与消费者的需求相匹配时，该树枝状结构方案可允许人们逐步地进行电能的分配。这有点类似于由动脉、静脉和毛细血管组成的循环系统。

为了增强电网的鲁棒性，“回路法”架构由集成式交换机和不同环境下典型的优化运行方案所创建。这样的回路位于相邻变电站之间的馈线上。

在某些情况下，尤其是密集的城市地区，或敏感工业地区，配电网可以“主通路”的连接方式在电网或网状（mesh）结构中运行，从而保证优质的服务水平：

—网状结构由回路组成，此回路由变电站或其他专用链路所形成的回路驱动；

—在设计和运行方面，网格比网状结构更加复杂。

在网格和网状结构两个案例中，都将交换机集成于电网中，根据当前现状和所需的服务水平配置不同的运行交路。尽管如此，这两种架构仍然很昂贵，其运行操作也相当复杂，如图 2.5 所示。

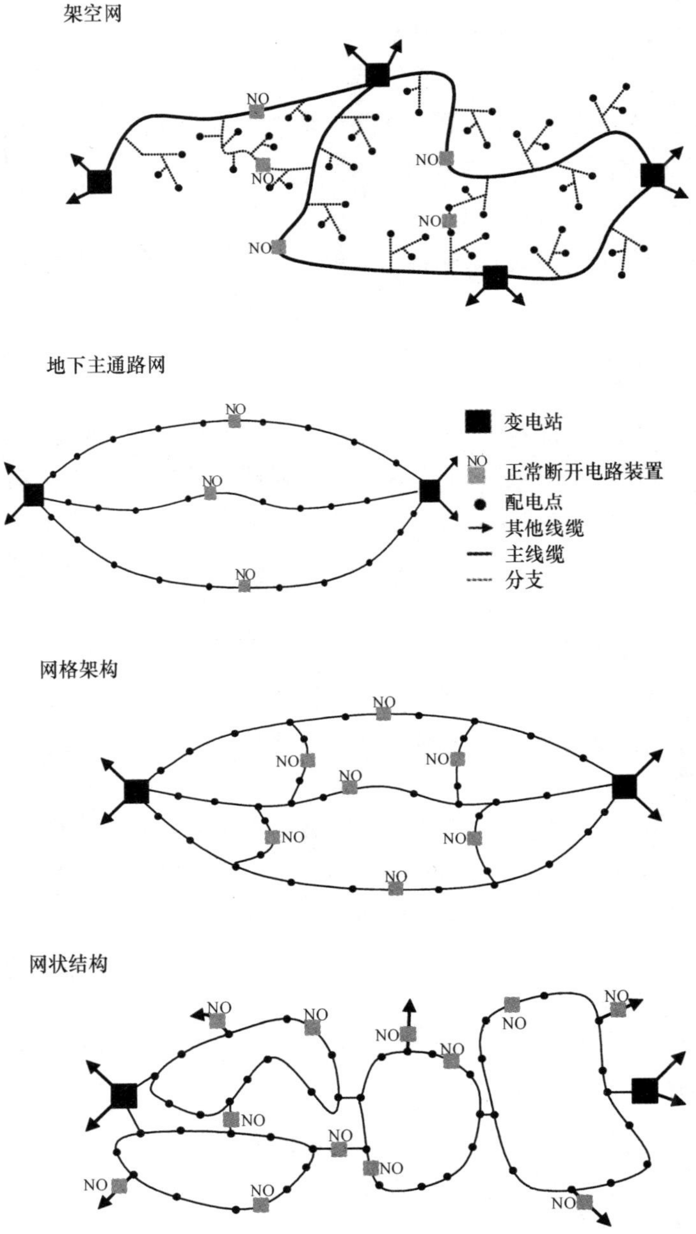

图 2.5　系统结构案例（来自文献［HAD 12］）

2.4.3　保障装置

配电网容易产生以下几种类型的故障，故需要有设备对这些故障进行定位并提供防御措施：

—单相故障：相位和地面间的短路（占故障的绝大多数，超过事故的 70% 以上）；

—双相故障：两个相位之间或两个相位和地面之间的短路；

—三相故障：三个相位之间的短路。

为了应对以上这些故障状况，DSO 需提供一个防护方案以保护财产和人员安全，防止设备破坏并保证供电的连续性。

保护计划关键取决于中性点接地方式，也就是中性点接地的方式。例如，接地会产生较高的张力，允许通过地面的环流创建电流型保护。

当然，首先必须能够把上述环流和相位不平衡所致的接地电流区分开，在系统某些部分，接地电流可以达到总电流的 40%。因为在经过一次变电站后，故障电流会按双曲线方式降低。当穿越长距离回线时，不平衡电流可将接地故障电流遮蔽。

如果一些故障自行迅速终止（在 100ms 以内），其他的如熔断器、重合器和开关/断路器则需要故障维护设备来消除：

—熔断器：熔断器随着预定熔化曲线而发生熔化，熔化速度反映了外加电流的大小；其配置应使熔断器遇到故障时尽可能快的熔化。尽管这个解决方案仍比全电子式的解决方案便宜，但是因为该设备在熔化后需要被定位和替换，所以此设备并不是非常便于使用。

—重合器：重合器是具有多个分布于配电网主馈线上的断点的断路器，这些断点可能与熔断器有关。当发生故障时，断路器会自动打开或关闭，同时在预定周期内过滤掉瞬时故障并消除永久性故障。每个断路器都有几种熔化曲线。如果在第一次打开/关闭周期后故障仍然存在，重合器会自动调整其配置。重复此操作，直到故障清除或熔断器熔化。如果熔断器没有熔化，重合器将保持开的状态，并且必须在重合器和邻近的熔断器之间定位故障。

—开关/断路器：位于分支的首端和重合器的上行。通过计算故障电流出现的次数从而取代了熔断器。一旦达到某个预定值，断路器就会打开，从而防止重合器关闭时再一次出现故障。与熔断器相比，断路器具有可远程控制的优势，即一旦解决了线路问题，无需人工干预就可以把整个系统重新恢复。

在有些情况下，O&M 团队的介入十分必要。

2.4.4 传感器、数字设备和软件

配电网的发展总是倾向于简单、可靠、鲁棒性强和经济上可行的技术。与之相比，电网运维的演化则更倾向于提高系统的监控。

因此，经过多年的发展，已有可集成于电网的信息“捕获”设备和软件：

—智能电表一般安装在终端用户的房屋中；这些智能电表可以检测耗电量并随时监视装置状态。

—数据集中器（DC）可向中心系统（计量系统和网络监管系统）定期传输上述检测信息。

—电压和电流传感器安装在 MV 线路和二次变电站中。

—信息交换和操作装置（IEOD），安装于发电设施中，为 MV 电网供电，此装置可以检测电压、有功功率和无功功率，并在电网连接/断开时交换信息。

—技术交换平台，与聚合器进行交换，一方面与拥有柔性程序的设施保持联系，另一方面接收临时程序，从而降低消耗和/或发电峰值。

通过各种处理软件收集到的信息：

—监控与指挥系统［监控和数据采集（SCADA）/配电管理系统（DMS）］，用于分析系统状态、识别和定位故障，并在必要时执行恢复操作。

—消耗和发电预测管理系统，基于智能电表或 IEOP 采集的历年使用数据以及柔性聚合器的预测程序，使人们可以预估未来的拥塞情况和制约因素。

—资产管理，是基于历史数据，进而评估长期维护和现代化的需求（电能质量、事故、高峰能耗和/或发电量的增加等）。

最后，用于传输调度中心发布的命令或供应商请求的特种设备已在部署中：

—遥控运行装置，允许打开和关闭断路器/开关（要么优化运行方案，要么在中断状况下重新配置电网）。

—智能电表用于传输价格信号（例如，峰值/非峰值信号）和驱动下行装置。

—IEOD 在某些特定情况下可以用于解耦 DSO 发送的请求或在执行带电作业之前切换到特殊运行状态。

2.4.5 移动通信对于配电网运行的重要性

过去的 30 年里，DSO 始终致力于改善电网在供电质量和供电安全方面的性能。基于 SCADA 集中式基础设施的自动化网络操作（主要是在 MV 中）已成为关键的策略：调度中心、遥感器、遥控装置、遥控式一次和二次变电站。在该模型中，通信基础设施在保证配电网不同组件之间的通信中始终有着举足轻重的作用。DSO 正在寻找评估通信平台的解决方案：

—该方案可以提供经济高效的系统架构，拥有强有力的产业支撑；

—该方案是基于标准的，以确保互操作性；

—该方案可以提供具有良好鲁棒性的、可远程的、双向的链路；

—该方案还应包括安全机制。

为了确保高质量的服务，DSO 传统上使用一套异构技术：无线射频链路、GSM、拨号专用线路和直接串行或调制解调器连接以满足通信需求。毫无疑问，智能电网未来将继续开发从光纤到无线和有线网的多路通信方式。

有线通信方案中，电力线通信（PLC）是在 DSO 直接并完全控制之下提供通信路径的一种技术。PLC 从 20 世纪 20 年代的语音信号和 20 世纪 50 年代的数据通信逐步发展成一种成熟的技术（大约 100 年）：

—20 世纪 50 年代：首先应用在单向通信的公共照明管理（10Hz）；

—20 世纪 70 年代：极低速通信（20bit/s）以及单向通信装置和器具的简单控制（5 ~ 500kHz 带宽）；

—20 世纪 80 年代：窄带通信（2.4kbit/s）和双向通信的指挥和控制应用；

—21 世纪：用于多媒体消费者应用的 2MHz 以上宽带。

经过 20 多年的持续发展，PLC 已成为“一种出色的和成熟的技术”[1]，它可以支持 DSO 的多种应用程序，也可以应用于消费者家中。特别是自 2012 年开始，G3 - PLC 技术已获得国际电信联盟（ITU）的认可作为新的窄带 PLC 的标准[2]，它实现了一种高度可靠、高速、安全的双向通信。因此，G3 - PLC 技术正应用于解决 DSO 的主要关注问题和其电网操作问题（见 4.5 节）。

2.5　区分电网架构的要素[3]

虽然电网在全世界的发展存在一些明显的共性，但也仍然保留着显著差异，总是不易推溯到起源。

对于输电网，存在一种全球化和具有影响力的标准化组织，国际大电网会议（*Conference International des Grands Reseauxd' Electricite*，CIGRE），促成其标准化的选择。此外，设备市场由少数企业控制，其发展相对受限于数量和成本，进一步促成标准化选择的统一性。

对于配电网，情况有点不同。配电网在区域（km）和设备的数量方面更加庞大，供应商也更多，同时企业运营配电网更加分散（例如，在美国有 3000 家

---

[1] 来自文献［GAL 11］。

[2] ITU - T.9903。

[3] 本节基于文献［DOU 14b］。

DSO，而欧盟则有2500家）。市场常常仍是区域性的，没有一种像输电网中CIGRE一样颇具影响力的咨询机构。

尽管如此，仍然可以确定一些解释上述差异性且可以构建电网配置的要素。有5个要素：

—电压等级；

—MV中性点处理方式，两线、三线或四线配电网；

—自动化、冗余和可靠性之间的平衡；

—服务区的密度和布局；

—建筑设计的变化。

2.5.1 电压等级

该要素可以细分为两个部分：

—电压等级的数量；

—电压等级的值。

2.5.1.1 电压等级的数量

在配电等级中，电压等级的数量取决于集中式发电设施和集中消耗点之间的距离。在相互连通的中型系统中，400kV是最高预留电压等级。对于更大的系统，可以使用500kV、700kV，甚至1MV。

220kV可用作输电和配电之间的过渡中间电压等级。

有两种转换方式：

—220kV/110kV转换，或更常见的是，35kV/10kV转换；

—直接进行220kV/20kV转换。

选择10kV和35kV或6kV和35kV转换的国家希望可在农村地区使用35kV电压并在城市地区使用6kV或10kV电压。的确，在农村地区，长途通信需要相对较高的电压，以减少电压降。在城市地区，具拥有合理密度的区域，如在20世纪50~60年代，在最初的电气化时代期间，这些地区使用6kV或10kV电压，廉价且易于设置，而不具有电压降的约束。

需协调城市和农村地区的国家通常选择三相绕组，例如，110kV/35kV/10kV HV到MV变压器，以限制二次变电站的设备数量。

比较分析这些情况会得出以下结论：高电压等级提高了电网的总成本，一次变电站是一项重要的成本要素。此外，线网叠加长度对于高电压等级是另一个更重要的因素。

因此，在法国获得220kV/20kV电压，而在中国则是220kV/110kV/35kV/10kV电压。

2.5.1.2　电压等级的值

对于 MV 电网，假定服务区的密度仍较低，弱配电电压将使工程造价大大降低，也更容易实现。

较高的配电电压延长了馈线，且更易适应于低密度的农村地区，由于配电质量和线网长度紧密相关，所以配电质量仍然有限。

在城市地区选择低电平 MV 值的国家最近发现，当电荷密度增加时自己陷入了僵局。很多国家为了实现高密度的新区，便将传统的 6kV 或 10kV 电网与地下 20kV 电网相结合（日本）。其他国家则以选择高区间的代价，仍保持既存的电压等级（中国）。

20 世纪 60 年代，始于法国的电压等级变化是一个重要而艰难的决定，它需要具有超强的预见能力。全世界不同国家的电压等级示例见表 2.2。

表 2.2　全世界不同国家的电压等级示例

运行电压/kV	国家	额定电压/kV	标准
6	日本	7.2	CEI
10 ~ 12	英国、德国和中国	12	CEI
13.8	美国和澳大利亚	15	ANSI
15	Deprecated①	17.5	CEI
20	法国、意大利和西班牙	24	CEI
25	美国	27	ANSI
33	土耳其	36	CEI

① 此处原书似有误。——译者注

对于 LV 电网，存在两个标准：230V 和 110 ~ 120V。技术约束（安全性和隔离度）是相似的；230V 存在不可否认的优势：缩减的区间、较低的发热和更小的设备。保持两个国际标准的原因是基于史实的。事实上，绝大多数（至少在价值上）的电子设备同时接受 110 ~ 120V 和 120V 电压、50Hz 和 60Hz 频率，以促进全球商品流动并缓解实行两个标准所带来的种种不便。

2.5.2　MV 电网中性点接地方式

将该选项在电网间的分化标准中置于如此之高的位置，并给予其很高的技术特性，起初人们可能会觉得很不可思议。

实际上，中性点接地方式的选择会引起许多其他的选择。

中性点接地方式定义了电网中接地故障电流的最大电平，并在一定程度上通过故障检测系统，从而对质量水平产生深刻地影响。不同中性点接地方式的主要特点见表 2.3，不同方案如图 2.6 所示。

表 2.3 不同中性点接地方式的主要特点

方法	特点
中性点经阻抗接地	简单防护，但有电涌的风险
中性点不接地	故障定位困难
中性点直接接地	故障电流很大，并有损坏的风险
中性点非直接接地	安全的高电平，但保护机制复杂

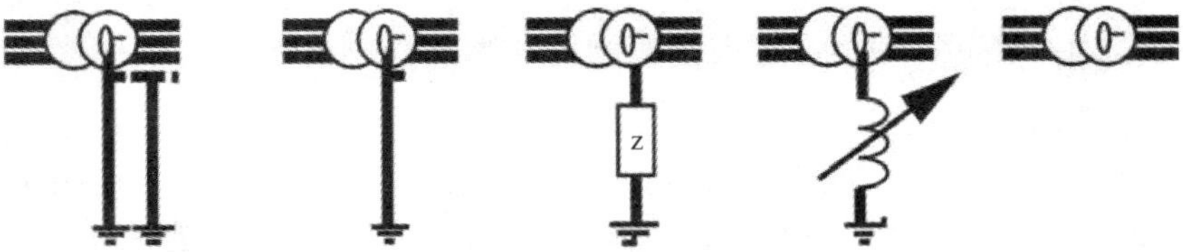

图 2.6 中性点接地方式的不同方案

北美和南美的部分地区、澳大利亚以及在美国影响下的一些国家，其电网通常使用四根分布式电缆的中性点直接接地方式。若发生高压故障，可以利用熔断器保护电网。然而，这种基本的解决方案推迟了电网的自动化。在这些电网中，中性线电缆以多点接地，因此不包括差动式保护。

在其他地区，电网是三相的，因此中性点是非分布式的。

一些欧洲国家在早期便选择补偿式中性点接地，这种方式允许保持较弱接地故障电流的操作，只要电压在故障点几乎为零（德国、匈牙利和波兰的情况就是如此）。在此配置模式中，很难检测到倒线。

西班牙、瑞典、挪威、意大利以及中国的部分地区都使用中性点不接地方式。

亚洲国家通常采用补偿中性点的方法，尽管它提供普通的接地故障检测，但这将导致安全问题和不可忽略的故障诱导损坏（例如，中国和俄罗斯的部分地区）。

德国和法国采用中性点经阻抗接地。

英国在一次变电站使用中性点直接接地方式。

一些国家正在致力于改变中性点接地方式：

—出于安全考虑（远离漏地操作）；

—电网配置发生改变（逐渐递增的地下设施比）；

—接地故障检测的问题。

2.5.3 自动化、冗余以及可靠性之间的平衡

这是另一个重要的区别。

在以下两方面可获得全球的预期质量水平（不管是否作了含蓄陈述）：

—通过使用非常可靠的设备，从而降低故障率；

—在一次供电不可用的情况下，通过确保高冗余以提供二次、甚至三次供电。

在过去的几年里，可实现的可靠性水平已有了很大的发展。从该发展中可以得出各种不同结论。

某些国家（俄罗斯和中国）保持高水平的冗余。其他国家（法国和意大利），减少冗余并增加可靠性。这将会影响变电站方案（在 HV 和/或 MV 电网中使用双或单母线面板）和 MV 架构：单倍、双倍或三倍供电。

此外，不同国家的电网自动化程度（和/或远程控制）会有所不同，这取决于所使用的体系结构。事实上，某些体系结构更适于实现自动化，而另一些体系结构则较弱。

受熔断器所保护的 MV 电网很难实现自动化。简单的架构通常更容易实现自动化。

2.5.4　服务区域的密度和布局

服务区域的密度和布局这些元素是构建 LV 电网的关键，因此，也是二次变电站使用的关键类型。

密集区为成熟的 LV 电网和二次变电站配置高功率变压器。

非密集区提倡使用低功率二次变电站为偏僻居民区供电。在美国，挂柱式变压器专用于为 1 ~5 幢住宅提供服务，允许单相 LV 配电（甚至单相 MV 终端配电），这种美国模式体现了一种极端情况。

居民区的主要布局指引着电网的标准化；因此，在美国，LV 电网可很好地适于农村地区甚至城市地区。必然地，这些标准在受 US 影响的国家中得到了快速的发展。

居民区的结构会影响架空和地下线路的初始平衡，这也是不可否认的事实。该初始平衡还确定了应用系统的本地标准，这就解释了今天在架空和地下线路的平衡中发生的巨大变化。在比利时和荷兰，MV 电网几乎完全在地下。实际上，存在一个单项工程标准，在历史记录和居民区建筑物中占有相同的份额。

法国开发了两套不同的标准：一套用于城市（箱式变电站与导通或双分支电网相连接）；另一套用于农村（H61 挂柱式 MV 变电站）。

2.5.5　建筑设计的变化

在世界各地，对于架空线路来说，哪怕是使用不同的技术路线，其成本都是相近的。相比之下，国家对于建筑物的地下线路选择差异较大。

在青睐城市地区使用架空线路的国家中，架空/地下线路的平衡对其成本有着重要的影响。

地下线路有3种类型的架构：

—埋地电缆：最便宜的解决方案；

—管道电缆：有时会被各种地下居民使用；

—隧道电缆：当然是最昂贵的解决方案，需要大量的费用。

地下线路的选择取决于电力公司的内部规则和外部约束，特别是出于安全方面的考虑。例如，在德国，由于安全的原因，将电缆直接埋到地下几乎是不可能的。

2.6 电网安全与规划

电能质量和电压质量是同义的，它有两个分量：供电连续性和电压一致性。

供电连续性：根据中断的持续时间，以区分各种故障。微故障（<1s），例如，瞬时故障中断路器的重合，由于实施保护工作而发生的短暂故障（1～60s），如缓慢的重合，由于突发事件或预订计划而发生的延期故障（>1min）。

电压一致性：通过振幅和频率的变化以及波形失真来衡量。可能出现的问题有过电压、欠电压、闪烁、噪声、瞬变现象、谐波失真和频率变化。

为了降低电力中断的概率、频率和持续时间，并减小这些因素对系统的影响，有必要强化电网投资。为了解决由经济约束和可靠性之间的折衷所带来的问题，发明了标准。

起初，标准是确定的：根据预期的需求规划出需要的装机发电容量，旋转备用等于预期的需求加备用等同于最大的发电单元，系统规划：

—标准n－1：当一个主要元素已丢失，系统必须在可接受的范围内继续运行；

—标准n－2：丢失两个主要元素后，系统必须在可接受的范围内继续运行。

这个方法并不是很方便，因为它没有考虑系统、需求或组件故障的随机行为。

在电网的典型概率方面：发电系统故障的比率取决于发电单元的类型和大小，线路故障（包括配套设备）的比率取决于其架构、长度和位置。

在涉及电力系统的决策过程中，概率分析成为了一个综合要素，但是需要对系统有全面的认识和理解。概率分析是允许分析员把系统知识转化为预测未来可能行为的工具。

2.6.1 配电网的发展

由于存在以下5个根本原因，所以必须大力发展配电网：

—确保新用户的服务或新的生产商和配电等级相连通；

—加强现有电网导致负荷增加；

—根据用户的期望提高供电质量，尤其是在供电的连续性（有效性）和电压的一致性方面；

—发现系统缺陷；

—评估安全约束下的系统性能。

研究工作需实现把所需的电力供应与电网相匹配。设计师和规划师需确定设施（发电机、线路等）必须满足未来运行条件的安全标准。规划本质上包括在给定的约束条件下找到一个经济最优方案。因此，可以很容易地将其转换为技术经济计算，旨在保持可接受的服务质量水平的同时，以尽可能低的成本开发电网。规划需要评估投资、运行和故障（中断和维修费用）的成本。

2.6.2　配电网的运行

在电网开发层面，研究目标是确定达到可靠性标准时的电网运行极限。电网开发主要包括现有电网到用户的服务质量。

电网运行涉及配置电网，以确保最佳的能量流或当电网局部故障使其无法响应时重建输电网，包括站点的远程和本地操作。其中远程操作系统在运算性能中起着重要的作用。

2.6.3　运行安全研究

运行安全研究目标是为构建和执行各种运营策略提供协助以避免系统遭受严重损坏。这与系统开发的区别主要在于决策性质。从长远来看，规划师有必要确定具体方法以满足预期运行条件的安全标准。这个决策是是否要加强电网。

相反，运营商必须确定系统运行的极限，除非不再满足这个可靠性标准。这个决策是是否要采取措施修改运行条件。

2.6.4　蒙特卡洛法

蒙特卡洛法[㊀]是一种随机方法，DSO 可以使用这种方法模拟分布式发电对乡村型二次变电站馈线的影响。最重要的是，蒙特卡洛法针对每一个变电站馈线上受影响的用户生成安全指数。它被定义为一种分辨率模型技术，这种技术使用随机或伪随机数字。伪随机数是通过称为伪随机数发生器的应用确定性算法生成的。

㊀ 该方法见文献［HAD 11］的第 8 章。

2.6.5 应用蒙特卡洛法得到的一些结果

乡村的馈线比城市的馈线多一个树状结构（即拥有更多的二次干线）：此研究目标是根据从主干线到其馈线的距离研究分布式发电（DG）的影响。

蒙特卡洛仿真可得到每个用户的安全指数。为了提高计算效率，可以将这些用户聚集在一个大小既定的组里。还可以按照中断频率（SAIFI）输入平均电网指数、不可用率［平均供电不可用率指数（ASUI）］和未分配能量［平均停电缺供电量（AENS）］。

这里将重点已放在当前电网的变化和安全研究领域的新挑战上。随着电力市场自由化和配电等级发电新方式的兴起，电网正在经历着翻天覆地的变化。配电网安全分析的方法必须要适应这些变化。当前的趋势之一是将以前用于输电网的一些方法应用于配电等级中。

在这方面，蒙特卡洛法对复杂系统的建模和解析非常有效。它的主要缺点是计算需要大量时间。然而就其性质而言，该方法非常适用于并行处理，并可使用几种其他方法以便减少解析时间。此外，蒙特卡洛法为电网中每个点都给出了安全指数，并且避免了为每个用户都建立一个模型。

蒙特卡洛法也易于和其他等效分析方法相结合，这类等效方法根据某一细节级别和计算效率聚合用户和部分电网。遗憾的是，也有一些与系统的过渡机制相关的主要难点（动态的发电单元和电网要素）：其研究需要的模拟时间太长（在计算时间方面）而不能实践可靠性研究，但是在某些方面可做一些近似的处理。

在今天的运行安全研究中，考虑到正以指数形式增长的计算容量，无论它是用于运行准备还是长期规划中，蒙特卡洛法都尤为重要，并且照理应该成为未来的必需技术。

2.7 配电网的渐进式现代化——以法国为例㊀

在每个主体的演变中，历史的动力和份量都是非常重要的。与许多其他国家截然相反，法国挑战了许多既有的惯例：

—电压等级从 15kV 变换到 20kV；

—变换中性点接地方式；

—转入地下 MV 和 LV 电网。

拥有这种改变能力的本质是由于在传统运营商参与者的核心中建立强大的研究和开发（R&D）机构。随着雄厚技术能力的发展，现有的运营商仍旧是其电网的工业设计师。

㊀ 本节基于文献［DOU 14a］。

在 1950～2010 年，电网发展经历了几个不同阶段的结构化，在此期间的发展目标随法国社会的期望而不断演变。

法国配电网的发展可以分为一些大的连续阶段：

—伴随着城市化和工业化的电网标准化；

—达到每个用户最低服务质量等级；

—根据需求有针对性地改善服务质量；

—电网对气候灾害的渐进式脱敏。

2.7.1 电网的标准化（1950～1965 年）及扩展（1965～1985 年）

在 1950～1965 年，法国的电气化时代结束，建立的 R&D 允许传统运营商扮演标准化和开创者的角色。其优先级是使受益于规模效应的技术选择标准化：对于 LV，选择 220V 电压，推出 110V/220V 电压变换；对于 MV，选择 20kV，并且开始吸收不同的电压（5kV、6kV、10kV、12kV、15kV 和 33kV）。

从 1965 年开始，法国经历了重要的发展：不断加剧的城市化、工业重点区域的创建。新的廉价技术也随着这些城市化和工业区的快速发展而诞生：预装的 LV 电缆、合成的地下 MV 电缆、加强的架空 MV 电缆以及 MV/LV 变电站的预制单元。

为了配合配电网的快速发展，在电压选择、新架构和开发成本（例如，天线的远距离传输如何减少成本）方面的理论发展研究也在进行中。技术经济核算也被系统化，用于审查所有的技术选择。

因此，1965～1980 年配电网的发展具有以下 3 个方面特点：

—允许计算/网络仿真软件开发的 IT 行业逐渐兴起；

—远程操作的逐步实现替代了一次变电站的操作员；

—自动化 MV 电网的第一次实验。

2.7.2 为每个用户实现最低的服务质量等级

即使现任运营商成功地以最小的成本使所有地区通电，并且开发出有关的技术方案，但并不一定能够保持供电质量的稳定，最重要的是，当用户的需求不断增加时，供电质量却没有改善。

经济核算的缺点之一是总在集体逻辑框架内进行推论，但这并没有解决个体问题。因此需要设计另一种方法，研究表明，农村地区的变电站馈线普遍都太长，而且没有足够多的一次变电站。这种情况怎么能重新达到平衡呢？暴风雨都可导致很长时间的供电中断。应如何使系统免受雨雪的压迫？应该使用更多的地下电缆吗？但是，地下解决方案仍很昂贵，可不可以使它更便宜些呢？

为了解决上述问题，启动了一个旨在为每位用户提供最低服务质量等级的项目。该项目的重点之一是建设650个一次变电站。由于馈线长度和年故障数量之间有着很强的相关性，所以目标是尽量减小变电站馈线的长度。该目标是针对35km MV构架和70km馈线长度所设定的。

同时，正在进行越来越多的实验来寻找更便宜的地下解决方案，如战壕、深耕犁等。某些地区通过发展农村地下基础设施进行创新改革。

最后，无断电的线路工作已成为一种规则：普遍的带电作业，为避免断电而开始使用发电机进行临时工作，如图2.7所示。

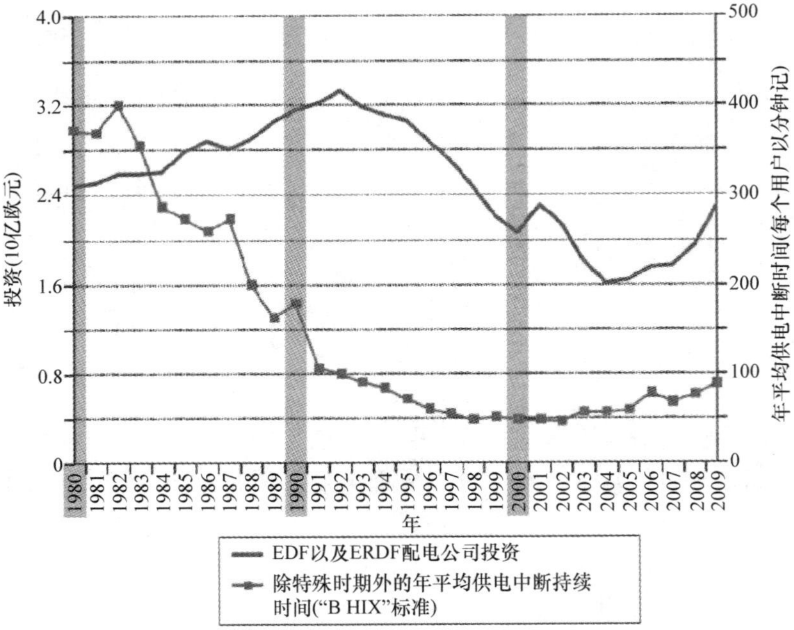

图2.7 来源：国民议会－2011年4月5日信息安全报告和配电网融资（Deputy Jean Proriol）

1995年，随着金融、技术和人力资源的重大变革，研究工作取得了较大进展（超出预期成果）。

研究成果基本实现了最初制定的目标，在用户的供电质量方面取得了相当大的改进。然而，也存在以下限制条件：

—要使之前的构建达到既定目标是非常昂贵的。真的已对其结构做过调整了吗?

—所选方法可使农村地区的供电质量获得较大改善，但却忽略了城市地区，6次电力中断设置一个记录阈值，这无论是在以前还是之后都很难超出此阈值。

2.7.3 根据需求有针对性地改善服务质量

配电网用户遇到的问题是不同的。在均匀地增强性能之前必须有针对性改善服务质量，其成本可能较低，但不一定能达到预期的效果。也就是说，对于重要的用户而言，对个性化的供电质量有明确需求［工业以及中小型企业（SME）和 SMI］，并且必须根据质量标准在先前标准的基础上建立。

尤其是 1995 年之后的供电质量方针与两个主要因素有关：

—根据具体需求为工业用户提供补充服务，要么提供电网，要么提供内部诊断；

—对于拥有居民 100000 以上的城镇采取措施，以便使一次变电站故障（主要技术故障、火灾等）所导致的电力中断的 30min 内供应 40% 的能量损失。

在此期间，随着农村地区地下线路的普及，不同的技术方案层出不穷，推出高级电网自动化项目（数字远程控制、SCADA 和高级操作功能的开发）。

2.7.4　逐渐降低电网对气候灾害的敏感度

在 1999 年年底和 2000 年年初，两次暴风雨致使法国发生大面积停电：3500000 用户的供电被中断，距离第一次断电 3 周以后才完全恢复用户的供电。这两次暴风雨影响了未来 10 年的电网。

电网的彻底恢复需要数年的时间，有大约 10000km 的 MV 线缆需要重建。同时，还需要做到以下 4 点：

—建立一支“快速电力反应部队”（在法国称为 FIRE），这是一个临时组织，能够在几小时内调动团队（60 个配有装备的人员），在有需要的情况下，他们可以到达法国任何地方。

—建立一组备用的永久可用的辅助发电机。

—强化架空电网的建设工程标准（VHV、HV 和 MV 线路）：修正风参考。

—建立一个“气候灾害”方案以降低暴风雨情况下的电网故障风险。对于 VHV 和 HV 线路，保留的解决方案是对结构进行机械加固。对于 MV 线路，解决方案要么是切换到地下通道，加强架空线路，要么是永久移除附近的树木。

最后，需要进行重要的诊断来记录脆弱的电网并建立吸收方案：这是一个“气候灾害方案”，其中包含了洪水、热浪（自 2003 年的热浪以来，此类灾害开始显现）和粘雪的风险。农村地区地下通道的持续发展伴随着设备的发展以适应这种技术：手动和遥控切换变电站、电杆脚下的变电站等。

第 3 章　高级智能电网的主要驱动及功能

3.1　配电网演变的驱动

3.1.1　RES 的大规模整合

起初，设计配电网是为了能从上行到下行进行电力的分配，即从一次变电站到终端用户。可再生能源（RES）发电、分布式和间歇式能源（风能、光伏）的强劲发展，是电网运行方式发生重大转变的根源，以便提供双向电流并管理本地过电压和拥塞所增加的风险（见第 2 章）。

越来越多的 RES 发电设施需将技术和经济效益最大化的两种解决方案进行结合。

首先，根据现有电网的承载能力和邻近的消费需求，有必要支持新 RES 发电。在基础设施的规划和选择投资方面，需要考虑这些参数。

一旦 RES 设施连接到电网，就必须利用高级工具和解决方案设置发电、消耗和电网操作的主动式管理，以掌控其间歇（见图 3.1）。这些工具和解决方案需有助于加强 MV 和 LV 电网的可观测性和可控制性：

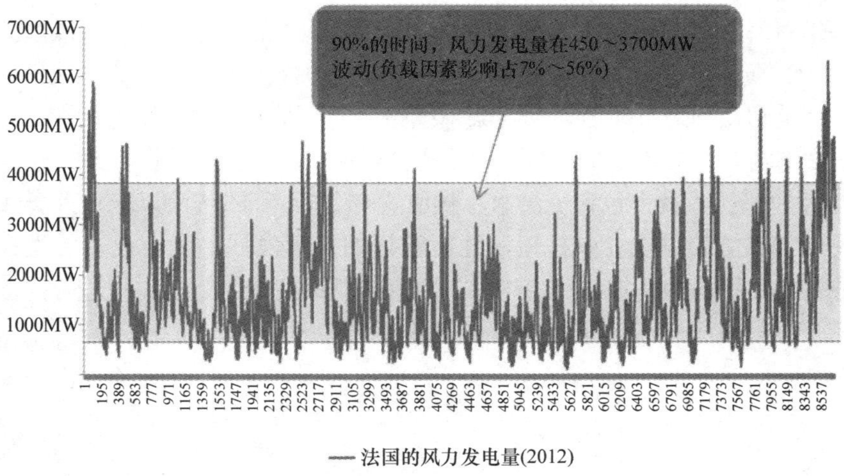

图 3.1　法国风力发电一年多以来的发展［来源：RES Pool project presentation, supported by the ADEME, during Smart Grid Paris（June 2014）］

—测量电力值，特别是输入配电网的 RES 功率；

—估计电力系统的瞬间状态；

—激活灵活性（有效功率的调制、消费需求等），有助于约束条件的动态管理；

—影响发电和与电网相关的其他手段以保证电力系统的安全性和有效性，尤其是在存在多个分散式发电源的情况下，要管理电网突发事件所致的后果。

3.1.2　电动车和充电设施的发展

在法国，政府预计到2020年将有200万辆电动车（EV），到2030年预计最多有700万~900万辆EV。

2020年最多需要安装大约40万个公共充电终端和400万个私有终端：包括个人、超市、私人建筑和公众停车场等。

类似于RES的整合，支持EV发展的是基于技术和经济效益最大化两种解决方案的结合体：一方面，考虑公共充电设施的类型和位置最优化问题；另一方面，考虑充电周期的动态和智能化管理。

就公共充电设施而言，其发展由当地政府负责。但是，配电系统运营商（DSO）仍然需要给社区项目提供尽可能多的上行支持，以便根据现有电网的承载能力优化充电终端的定位，并限制强化需求，实际上，这取决于充电的类型，因为电力需求的差异性很大。例如，在跑完120km的路程后，完成再充电的EV相当于以下的电力需求：

—充电时长达到8h左右的加热器；

—充电时长达到2h左右的建筑物；

—充电时长达到15~20min的街区。

在消费高峰期内的同一地区同时为几辆电动车充电，将会激活配电网的约束条件（电压波动或过电压现象），为了能在任何时间、任何地点同时为这些新的负载供电，所以约束条件并没有大小限制。因此，在为EV充电而建立的新公共基础设施连接阶段和投资选择阶段，需要考虑上述参数的影响。

大力发展EV的第二个挑战是充电周期和电力需求的动态管理。尽量协调好车辆的充电和发电及电网有效性，以便使用户、集体和电网运营商的服务成本比最大化。

高级工具和解决方案必须具备以下功能：

—测量充电周期和持续时间以及耗电量；

—预测本地电网约束条件（消耗高峰、过电压、拥塞等）；

—根据定价信号和/或市场机制调整充电周期（减载、存储等）。

这些工具和解决方案需与合同机制保持一致，这些机制仍在市场参与者之间进行定义。例如，集体充电设施属于一家运营商（建筑物、办公室、停车场等），其充电管理和优化模式尚未建立，如图 3.2 所示。

图 3.2 巴黎 Grenelle 的 ERDF 展示厅

3.1.3 新市场机制的实现（调峰、发电容量市场等）

为了限制消耗高峰的增长和二氧化碳（CO_2）发电技术手段的使用，各国正致力于研究市场机制的实现，例如调峰和发电容量市场。

作为普通管理人员，DSO 没有权限干预这些新机制的竞争领域。尽管如此，DSO 仍是网络安全和供电质量的担保者，因此他们以引导者的身份促进这些新机制的实现。调峰时，DSO 可确保在调峰影响下的配电网具有更好的性能。在变容量机制下，DSO 的作用反映在实现事前容量认证、实时信息交换和事后性能估计 3 个阶段。

与新市场机制的实现相平行，DSO 研究其实现手段的便利性，以使配电网运行达到最优化。例如：

—DSO 与市场参与者（根据定义模式）以消耗的柔性和/或发电调制来选择性地减少电网约束；

—实现输电定价与时间调制，以便更好地反映电网约束的成本，并向用户发送清晰的价格信号；

—在没有与用户协商的情况下，DSO 有针对性进行用电限制管理，以维护系统的平衡。

杠杆的本质和相关性与电力市场的发展和监管条件相一致，比如国内市场与本地的管理机制共存。

在法国，几十年前就实现了这种管理机制，并且引入了一些附加功能。

运营商在其区域内通过提供特定速率和服务以优化消耗/发电平衡，这就是所谓的消耗调节。尤其是[㊀]：

—高峰时间（PH）比率（每天16h）/高峰时间（OH）比率（每天8h，通常是夜间），与某些供电源有关（例如在法国使用1200万热水箱供电）；

—“EJP”（“峰值日衰弱”速率—在冬季，一年22天）和“Tempo”［用6种时间—季节范围—颜色在20：00前使用绿色、白色或红色速率通信］进行定价，还与供电信号有关系，在极端消耗高峰期之外，建议速率低于基本速率。目前正在考虑对其他供应商是否开放Tempo信号。

这也是调整机制的案例。自2003年以来，输电系统运营商（TSO）已经实现了一个机制，此机制允许由发电机和消费者提供的柔性需求（直接地或通过甩负荷运营商）以管理供求平衡的风险以及输电网约束。该机制可预期参与者的酬金。

为了寻找一种消耗衰弱更大、更快的发展方式，法国立法机构提供了一种相关机制，具有能源和电力的双限价可能性：

—2013年4月15日实行的Brottes法律中第14条规定了能源限价的内容[㊁]。可允许甩负荷运营商在没有其供应商协议的情况下根据用户所致的损失进行甩负荷。Brottes法律为甩负荷运营商提供了一份奖金，由税收负担资金。

—通过一种容量机制实现电力限价的法令于2012年12月18日发布，目前需要在2014年应用于法令所包括的首个冬季（2016～2017年）以及其后冬季的规则中得到体现。

3.1.4　参与新应用的发展有助于提升能效

能效和节能的发展在全球的许多国家都是重点发展方向。

例如，欧盟在2012年制定了一个指标，设定了到2020年能耗降低20%的目标。在能效手段中，每年义务为国家新建3%的房地产以及保持能源供应商1.5%的年销售额是一些关键要素。

某些欧盟成员国也确定了具体目标。法国的目标是由Grenelle法律设置能源密集型行业的发展目标。例如，在建筑行业，该法律设置了一个全球性的目标，到2020年减少38%的能耗。为了实现这一目标，法律设定了新建住房的轨迹线（2013年开始，每年400000套住房），及第三产业和公共建筑能效的提高的轨迹线（2012年开始，超过8年）。

㊀ http：//particuliers. edf. com（gestion de mon contrat/options tarifaires）。

㊁ N° 2013－313旨在准备充分利用水力和风能向清洁的能源系统转型。文章14关注甩负荷和市场参与者的贡献以达到能源政策目标。

虽然 DSO 通常没有定量目标，但他们对需求侧管理（DSM）作出了重大贡献，尤其是智能电表的部署：

—消费者将能够访问其消费的详细信息，了解日常使用对电力的影响，从而改变他们的电力消费倾向。

—集体也可以访问聚合数据（在社区范围内或更小的范围内——街区、道路、大厦等）以促进能源策略的实施。

3.1.5 城市改建以及智能城市的兴起有利于资源优化

如今，虽然城市占据了地球表面的 2%，房屋占世界人口的 50%，消耗发电量的 75%，并且 CO_2 的排放量占到了 80%。城市愈加期待能够实现资源的优化管理，例如，通过限制能源和水的消耗或优化能源，尤其是通过使用可再生能源，从而实现资源的优化管理。

新技术的蓬勃发展，使得能源管理及优化的实验方法和新方案的开发，从一个建筑物或一个街区到一个城市乃至更大范围成为可能。例如，随着智能电表、能量箱、能源管理器、门户网站和智能手机应用程序等方案的到来，居住设施和建筑物变成智能家居或智能建筑，可以优化其消耗和负荷曲线。其他技术方案，如太阳能发电，在长远来看，电力存储可有助于减少建筑物的能耗，甚至使其成为正能量建筑（btiment à énergie positive，BEPOS）。最后，EV 充电基础设施在这一层面的新领域的整合也为能量需求提供了调节杠杆。

这些融合于配电网的新事物为 DSO 带来了“可持续发展城市”所构成的不同挑战。

通过考虑城市项目以确保电网的中长期规划，DSO 已成为了能源优化的参与者。电网的特殊性可以产生规模经济效益并且开发不同地区的资源。优化阶段的出现需要 DSO 和地方当局的协调配合。实际上，探索经济优化对全球利益不利并且会付出更高的代价：局部最优的总和未必与总体利益相一致。

此外，这些新事物的出现需要大量与其关注领域相关的数据，最初需注意到其当前现状，并遵循长期性能的演变：本地消耗的发电、二次变电站负载的本地供电、网络的拓扑等。因此，伴随着集体政策的实现，DSO 在地区的发展演变中处于核心地位。

最后，智能城市（或由新事物构成）的集成需要更改 DSO 的业务流程以便领会规划的不同阶段（如负荷模型和用户行为的定义）直到电网的操作和使用（如验证优化方案并要求其作出修改）。

3.1.6 能源存储解决方案的集成

目前，两种类型的存储可应用于配电网：作为终端产品的能量存储（如制冷或热水箱）和蓄电池存储。

某些研究显示，蓄电池存储对于仅有 MV 和 LV 的电网并不是一个经济方案。许多服务都可以提供电网运营商所期望的灵活性：发电厂、电网重构、弹性需求、RES 断开等。

以下两个条件可响应电力系统的需求并为集体带来必要的价值：关于备选方案的技术可行性和有利于均衡的市场开发设计，以及正能量的商业模式。在这方面，对于电网强化，分布式存储设备并不是一个可盈利的经济选择（在当前采购义务的情况下）。

然而，未来几年如果可以降低蓄电池购置成本，那么在特定条件下，存储可能会备受青睐。

图 3.3 在两个轴上给出了不同的储能技术：

—横坐标表示投资水平之间与有效功率之间的比值；

—纵坐标表示投资水平与有效能量之间的比值。

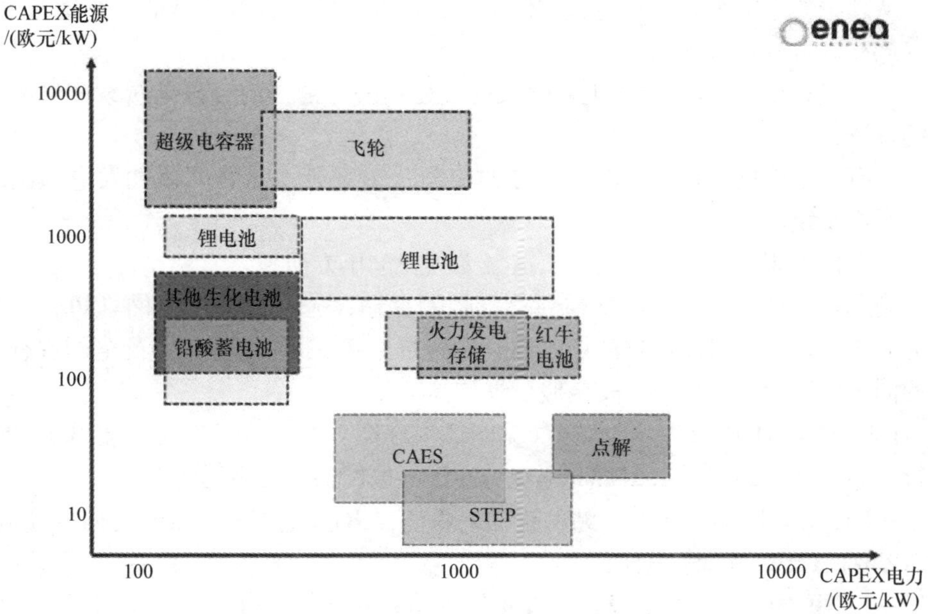

图 3.3　储能技术的定位取决于其功率和容量的基建费用（CAPEX）

［来源：report of October 21，2013（ADEME，DGCIS and ATEE）on the potential of energy storage；graph – ENEA Consulting］㊀

抽水蓄能电站（PSPS）仍是最具竞争力的大型存储方案。锂电池尽管在通用公共设备中很普及，但是其用于储能方面还不具有足够的竞争力。

㊀ www. presse，ademe. fr/files/peps – rapport – public . pdf page 183。

目前，使存储盈利的必要条件是其自带一些服务并且可以处理所有电力系统参与者的需求：发电机、TSO、DSO 和消费者。

的确，从技术角度来看，电力存储技术可以给电力系统带来许多服务[㊀]：

—通过优化充电（低利率期）和放电（高利率期）周期参与套利和限价能量传输；

—提供一套有功功率备用，使参与电网频率和/或调整机制的调节成为可能；

—甚至可以根据一种适合于消费并可以在市场上进行交换的方式修正发电曲线以实现间歇性发电（通常发电模块的插入曲线是阶梯式的）；

—吸收或输入无功功率实现电压调整；

—管理瞬时电网拥塞；

—使终端消费峰值平滑并减少化石能源的消耗，从而避免投资到新峰值和极端峰值电厂。

从理论的角度来看（通过提取解决方案的经济相关性和实施的可行性），电力存储允许电网运营商：

—通过减少某些消费/发电峰值或通过处理瞬时消费约束以延缓某些电网强化的投资；

—有助于电网运行的稳定性（通过将解决方案带入最终间歇性发电预测或通过提供系统服务）；

—有助于用户的供电安全和质量（尤其在电压方面）。

同甩负荷性能一样，DSO 需要能够控制存储设施在公共配电网（PDN）方面的影响，以保证终端用户的供电安全。例如，存储提取和输入与配电网现有用户的同步可以使电网规模和安全假设失效。

ILLUSTRATION[㊁]. – NiceGrid（见图 3.4 和图 3.5）尝试用几种锂离子电池进行实验，并规划部署 1.5MWh 电池分布至配电网的 3 个不同能级：

—Carros 地区的一次变电站的存储，将确保 RTE 电网和 ERDF 之间的连接：560kWh/1.1MW 锂离子电池；

—LV 电网中的 3 套集成存储设备管理消耗和光伏发电峰值，启用孤岛效应并管理电压规划：106kWh/33kW 锂离子电池；

——些安装在住宅区的志愿者用户房屋里的存储设备有利于甩负荷：4kWh/4.6kW 锂离子电池。

㊀ 储能潜力 D 的 GCIS ADEME ATEE 研究（2013 年 10 月）。www. presse. ademe. fr/file/peps – rapport – public 1. pdf。

㊁ http：//www. nicegrid. fr/nice – grid – le – stockage – d – energie – 10. htm。

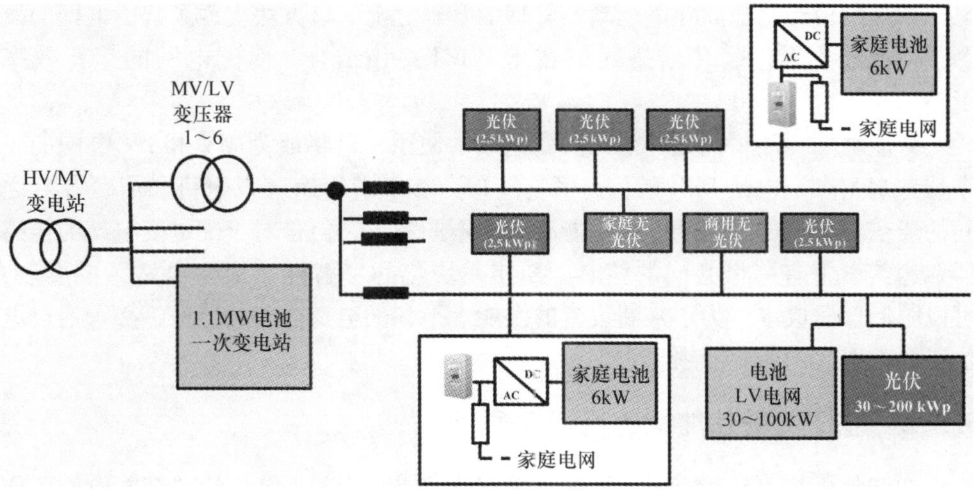

图 3.4　NiceGrid 项目中电力存储蓄电池集成简化视图

图 3.5　1MVA 蓄电池和相关的电子产品在安装期间的电力需求。
来源于 Carros（法国）7 月 14 日第 7 页的新闻稿摘要

3.2　高级智能电网的主要功能

3.2.1　DSO 的动态电网管理

DSO 需要克服日益增多的间歇性 RES 发电所带来的后果：连接请求和强化成本的增加以及运输能源的减少。DSO 还需要为新用途的开发做准备，尤其是 EV 和热泵，以便使其以最优的成本嵌入配电网。为了动态地管理新创建的约束，DSO 需使其电网更加“主动”。

未来的模型将建立在电网动态管理的基础之上。该方法实现了智能电网的概念，设备的技术创新和信息通信技术（ICT）相结合，使配电网的运行效率更高。

智能电网功能将优先考虑二次变电站的使用，这将成为 MV 和 LV 电网的一个特殊观测点，也是 DSO 的信息系统（IS）和下游用途（发电机和消费者）之间的通信节点。尽管智能电网功能有很多不同需求，但是对于配电变电站的传感器和通信设备有一个共同的核心。期望模块化的“智能二次变电站”的发展，可以限制部署成本。为了判断设备的性能水平和配电变电站的通信，必须通过电信指导方案协调所有的项目。

3.2.2 基于关键功能构建目标模型

功能分析是由某些组织执行的，例如欧盟委员会和 EDSO 的“智能电网工作组”，以及欧洲大型的 DSO。高级功能取决于当前正在开发或部署中的 DSO 模型。

这些功能尤其有助于以下 6 大目标的实现㊀：

—提高日常电网运行的效率；

—确保网络安全、系统控制和供电质量；

—改善市场机制和用户服务；

—使电网将用户与新需求相结合；

—对未来电网的投资做出更佳的规划；

—允许并鼓励消费者更彻底和更直接地介入其能源的使用和管理。

下面将阐述高级功能对前 3 个目标的影响。

部署智能电表可以采集并提供计量系统（消耗、发电和供电质量）产生的数据。利用计量的下游设备向用户传递消费数据，此功能可实现能源消耗和节能控制。此外，能源管理与智能电表的结合应突出消费属性方面的改变：通过该接口控制交换，这是电网开发和优化的关键要素。

计量数据以及电网传感器［一次变电站、MV 馈线、遥控装置（RCD）、二次变电站］的数据，都代表着大量的信息，这些数据的开发将使电力系统的性能得到提升，尤其有利于投资选择的针对性（电网开发和用户供电质量的量化）。

为了有效地使用“强化”收集的数据（流量、与运行相关的数据、外部信息等），特别是 IS 功能，对来自电网设施和天气预报的相关数据、创建曲线图，校正并实现安全需求。需实现海量数据信息的批量处理（大数据）。

㊀ 来源：欧盟委员会智能电网工作小组—专家组 1“智能电网和智能电表的功能”——2010 年 12 月。

激活不同的柔性手段使电网运行更接近其极限：供应商或聚合器，甚至是DSO甩负荷激活，能量的储存或释放，由供应商或DSO发送的定价信号，增强分布式发电的承载能力意味着动态调整电压。

对于DSO的流量控制和电网现象管理功能，主动式管理接口的功能和甩负荷/第三代发电项目的技术验证是必不可少的。同时，对于实体流的管理，DSO还必须通过重建资金流和平衡电力系统参与者的功能，调整其工具和必要信息来建立相应的资金流。

控制未来的电网意味着更好地了解配电网的实时和未来状态。电网优化需要以下两个条件才可以实现：利用电压的动态管理优化RES发电、最小化损耗、优化取消输电网的预约。

DSO需要能够动态地实现这些功能，实现未来电网的优化管理，包括分布式发电和EV。所收集数据的采集和处理（电网、设施和通信）构成其他功能的必要核心，特别是以下4点：

—运行与MV和LV电网的使用（除了突发事件），短期预测管理和电网发展的优化；

—突发事件的动态管理，提高故障反应度，这样可以减少停电时间；

—电网设备监控功能将提供不间断的正常信息和设备老化的信息，以优化维护甚至预测突发事件；

—优化电网性能对于某特定时刻激活最经济有效的方法来说是必要的。

推动预测管理、电网研究、损耗获取等都需要不同时间段的消耗和发电预测。

设备、信息通信设施部署也将授权用户，分布式发电，EV充电设施和分布式存储控制电力的消耗。

3.2.3　提升日常电网运行效率

3.2.3.1　高级功能：MV电网和LV电网的监管

3.2.3.1.1　MV电网的监管

该功能提出了国家调度运营商的概念，可允许：

—传感器和其他工具利用MV电网中有关电力情况（负载和功率）的实时可用信息达到其近似状态；

—管理影响配电网、突发事件和故障检测设备的约束条件所产生的告警；

—由发电量和耗电量预测计算提前得知（1h前）其短期约束。

这是一个保证MV电网安全运行的关键功能。对来源于电网不同设备的输入数据进行了分析和优化使用［电能表、集线器、变电站、信息交换和操作装置(IEOD)、RCD等］。在突发事件情况下，简化的诊断是为了便于电网的快速重构。

3.2.3.1.2　LV 的监管

该功能是为运营商全面了解 MV 和 LV 电网而开发的。使发现 LV 电网的约束条件和故障以及管理告警成为可能，并使用传感器和工具达到近似状态。

高级计量设施（AMI）系统的传感器能够提供 LV 电网状态（故障）或服务质量（关于电压水平）的精确指示。

其他电压和功率传感器安装在某些脆弱的配电变电站上（RES 或 EV 集、电压偏移等）。

在经过本地等级的初始化处理后，将测量数据通过现有的通信渠道（AMI 或其他通信系统）传送到区域调度（见图 3.6）。

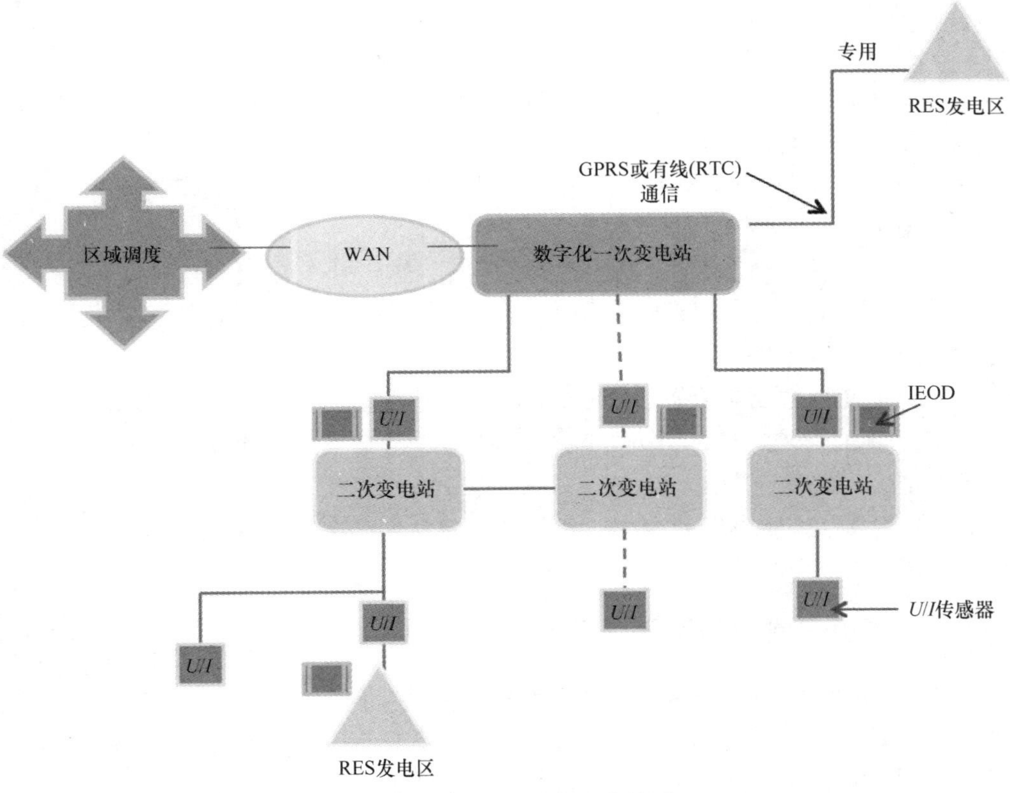

图 3.6　区域调度的信息传输图

3.2.3.2　高级功能：中断的动态管理

该功能可以识别受到故障影响的部分 MV 或 LV 电网，以便对其进行隔离并重建一个新的运行方案：

—自愈电网：相关功能使用电网设备（供电变电站的集线器）发布的数据精确地确定电网故障的位置。

这里所开发的自动化技术可以计算出最有效的方案，在最短的时间内为广大用户实现再供电。可允许同时处理电网中的许多并发故障，这对于单个运营商来说是不可能实现的。此外，还需进行信息的分析，如电压和损耗，被考虑在计算中，从而使再供电方案的效率达到最大化。

—LV 故障检测：通过电能表和共享相同 LV 馈线的集线器之间的常规电力线载波（PLC）通信测试，操作员可以了解影响 LV 电网的故障。操作员可以对故障源进行诊断：相位丢失、中性点断裂等。

—发生故障时的通信：如果用户需要找出故障，操作员可以远程地检查用户的电能表并诊断其状况；有可能是一个电网故障，也有可能是用户自身的电力设施故障。

—供电中断时的通信：操作员通过互联网或通过电话与用户沟通供电计划和意外停电事件，以及他们所预期的持续时间。

3.2.4　确保电网安全、系统控制和供电质量

3.2.4.1　高级功能：运行计划及调度

该功能定义了 MV 和 LV 电网的最优运行方案（从一个星期提前到一天），然后将数据导入电网运行软件。

利用天气预报可实现消耗和发电的预测管理。尤其是，它将促使人们更加主动地参与电气系统的安全防范（通过减少电网约束）、优化网络管理以及配电网设施的负载、优化 RES 发电和优化发电的技术验证或由市场参与者（供应商、聚合器等）提出的甩负荷规划。MV 和 LV 电网约束是由消耗量和发电量预测计算出来的，这个计算将天气预报影响考虑在内。此目的是为了限制约束条件，从而在使用 RES 发电的同时，提高整个电网的安全性。

这需要 DSO 分析来自发电机或聚合器的发电或甩负荷请求，以此来确定所使用的策略并保证其技术可行性。需要对这些具体的需求进行预测并保持更新。

模拟和状态近似用于描述有关维持电压的风险；预测管理数据（发电量和消耗量）是“负载流量”型软件的供应商。可使操作员通过正确安装少量的网络传感器就掌握网络的整体状态。

有两个选项可用于降低约束水平：网络手段和柔性手段（见第 5 章）。

3.2.4.2　高级功能：优化电网运行和维护

该功能通过使用可用的“网络”手段（电压设定值，运行方案修改，连接的发电设置值等）优化 MV 和 LV 电网的运行。

其目标如下：

—动态控制电压以调节 RES 发电的最大值。可使用以下方法：

- 影响无功 RES 能量的消耗量和发电量；
- 作用于电容器（一次变电站和电网中）以补偿电压的减小；

－作用于一次变电站内的变压器有载分接开关（当一些新变压器允许时，甚至可用于二次变电站）以修改变压器的输出电压；

－调节消耗量和发电量，沿着 MV 和 LV 馈线修改电压分布。

—使技术损耗最小化：计算电网的整体状态，估算技术损耗并使用新运行方案进行阐释说明。

—识别非常规的 LV 运行方案：可通过使用智能电表发现非常规方案（如突发事件之后的使用情况），并对其进行纠正；

—通过限制 TSO 电网约束参与保障全球电力系统的安全性。

3.2.5 改善市场功能和用户服务

3.2.5.1 高级功能：需求响应管理系统和与市场的对接

该功能确保发电机、供应商和聚合器之间的协调。他们与其用户和输配电网运营商一起将调节和甩负荷机制付诸实施。此外，DSO 可以请求新的本地柔性手段。为了创建认证，保证数据流并确保指令的传输必须开发新工具。

该功能的目的是在用户之间建立一条链路，并连接到电网，记录他们与供应商和聚合器之间的联系。此链路有助于确定用户可以切断的消耗量，并且估计可以激活的发电容量。

3.2.5.2 高级功能：与 TSO 及其他市场参与者之间的关系

为了维护系统安全，应该定义一种用于电网运营商之间（以及电网运营商与终端用户之间）交换业务信息的架构。TSO 通常依赖 DSO 提供其所需的终端用户与配电网连接的操作信息。

此外，电网运营商需要更多聚合器的行动计划信息，并需要独立发电厂连接到其电网。电网运营商参与 TSO 平衡市场可在配电网中创建约束。

3.2.6 欧洲的电网代码

第 3 代供能装置使欧洲输电系统运营商协会（ENTSOE－E 和 ENTSO－G）使用电网代码来建立欧洲范围内的电力和天然气市场的约束规则。欧洲能源监管机构的合作机构（ACER）为 ENTSOE－E 的工作提供总体架构并且为代码提供“理性的意见”。代码经过欧盟委员会的协调过程（EC，审查批准程序，第 8 条管理规定 714/2009），才具有法律约束力。

“在不影响成员国制定国家代码权利和不影响其跨境贸易的情况下，为了跨国界的电网［…］和市场一体化问题而应开发电网代码。”㊀

㊀ 2009 年 7 月 13 日欧洲议会和理事会发布第 714/2009 号关于跨境访问电网的条例、欧盟官方公报，L211/15。

重要的是，当电网代码足够柔性时，应该为所有电网用户和电网运营商设置安全规则，从而为 DSO 提供一些余地以适应其电网的快速变化。

根据 ERDF 副 CEO 在 2014 年 3 月举行的 InnoGrid2020 会议中“市场设计”专题讨论会上的发言：“TSO 可以找到正确的解决方案［…］如果 3 年前欧盟委员会使 TSO 和 DSO 同时提出欧洲所需的电网代码，那将会更有效，耗时更少［…］我非常感谢 ACER 也支持这一观点［…］确保电网的稳定和安全仍将是 DSO 关键的职责［…］电压控制已经成为一个 DSO 必须解决的非常重要的问题。”

第 4 章　计量：DSO 的核心业务

4.1　智能电表是发展智能电网的重要工具

对于大多数欧盟（EU）成员国来说，安装智能电表是配电系统运营商（DSO）的职责。作为物理电网设施的一部分，智能电表属于电网运营商的管理领域，DSO 最适于管理智能计量设施。

欧盟的立法促进了智能计量系统在欧洲的兴起。这包括第 3 能源包和其他立法手段，如能源服务指令、建筑物的能源性能指令和能源效率指令。这些在智能计量系统中都有详细条文。要求为终端用户提供个人智能电表，此电能表能够准确反映消耗并可提供实际时间的使用信息。此外，他们还强调使用智能电表作为提高零售市场竞争性和促进能源效率的一种工具。

另外，正如已在前面的内容中所阐述的，智能电表对电网的优化管理具有巨大的促进作用，有利于：

—对中压（MV）及低压（LV）电网进行更精确的故障诊断和定位，确保更快地实施干预措施且减少停电时间；

—进行详细的电力质量监测，从而减少用户投诉数量，并且提供更好、更快的答复；

—提高电网的远程反应能力，尤其是管理调峰程序；

—预测电网约束的新工具的实现；

—更优的观测和控制性能。

4.2　持续改进与创新的方法

4.2.1　大众市场用户从手动抄表到远程抄表

20 世纪 80 年代初，电力线载波（PLC）技术极具吸引力和发展前景，遗憾的是其技术不够成熟，不能应用于大型的工业行业（见 4.5 节）。

例如法国，基于 PLC 通信的传输媒介服务于大众市场（用户连接到 LV 电网 <36kVA）。短距离时，这种媒介能够提供计量信息的权限，在永久公共领域的某一个可用点处：远程抄表。相比之下，远程抄表仍需要抄表者进行移动。

远程抄表的发展有利于提高读数的可靠性并大大提高读数效率。

设计、开发、完善以及开始部署电能表和相关的移动数据采集终端需要几年时间。因此，20 世纪 90 年代初，电能表系统开始在新建筑中安装。经过几年的电能表部署，电动机械式的单相电能表被淘汰。

2001 年，法国电力集团（EDF）决定通过 PLC 进行远程抄表实验，在之前的项目中已开始，以获得有关自动化电能表设施类（AMI 型）系统的运行所必需的知识。

4.2.2　工业用户端的智能电表和远程抄表的 20 年

在电子技术的转型期之前，使用与时钟和 175Hz 的继电器相关的电动机械式计量系统，在可能的移动峰时期确定复杂速率。

电子技术的发展促进了工业用户的技术大飞跃（连接到 MV 或 LV 电网 > 36kVA）。20 多年前部署的电能表允许：

—远程抄表，首先通过电话交换网（STN），然后通过 GSM 数据；

—测量，相对于每天时间段内规定的负荷，潜在负荷的“方均根值”在该时间段内过剩（之前是在绝对水平和累计超过一个月的周期内测量临时电力过剩），这可以为这些过剩电力建立更精确的定价；

—在 10min 之内再生负荷曲线。

2001 年，基于 PLC 使用一个平衡模型所做的实验使工业用户的适应技术成为可能。因此，自 2006 年以来，通过 PLC 的远程抄表已被工业上用于 LV 电网（LV > 36kVA）的工业或专业用户。

4.3　AMI 计量系统

机械式和电子式电能表通过系统化消耗功率计量和促成计价过程的方式，都在配电过程中发挥了关键作用。不过，仍存在一些不足之处，特别是：

—消耗信息收集需要从源头做起，这显然要比必需的计费过程的频率低得多。因此，供应商的结算清单必须基于某个评估指标，这也是众多用户的投诉源。

—计量信息是一个消费指数，而不是负载曲线；对于用户、DSO 和供应商来说，获得实际消费资料是不可能的。

—在供应商合同的重定位或修正期间，通常需要智能电表的干预措施；用户需在家。

—利用传统电能表进行动态定价或需求侧管理（DSM）服务的发展是不可能的。

法国 SME/SMI 智能电表的演化如图 4.1 所示。

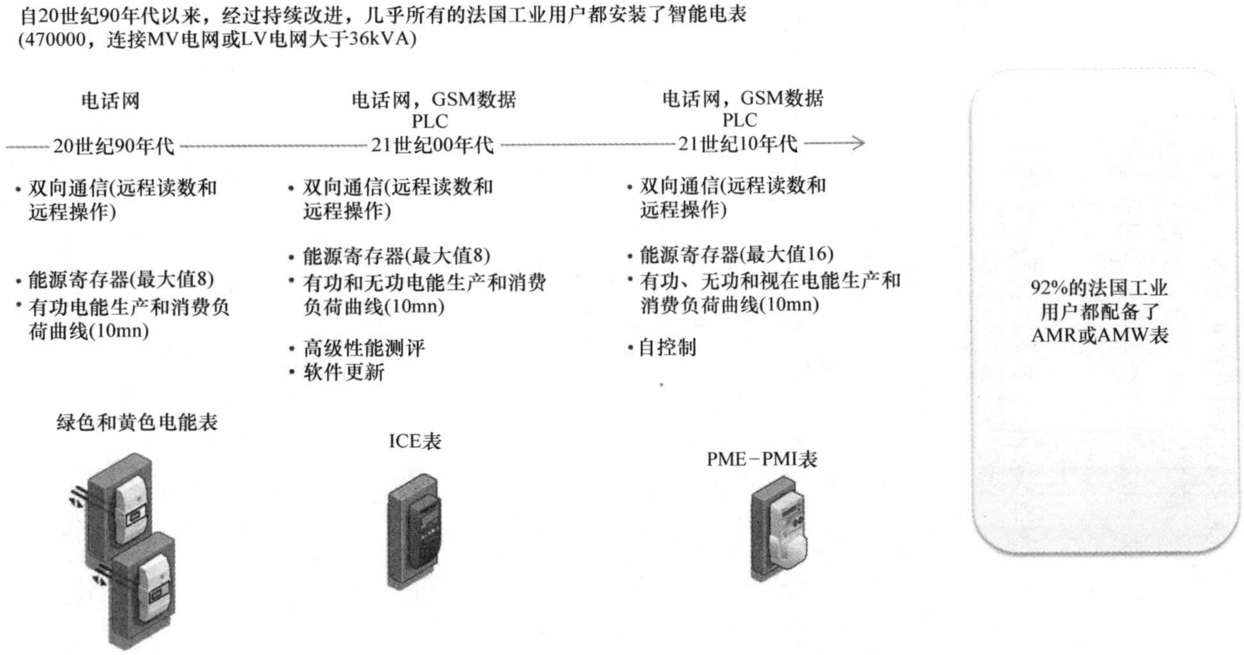

图 4.1 法国 SME/SMI 智能电表的演化(来源:作者)

自2000年开始，在公共机构（监管机构、能源部、环保机构等）的推动和技术演化的援助下，开发了新的工业计量设施。起初，自动抄表（AMR）系统仅基于单向上行通信，仅仅远程收集消费指数，没有给计量挑战带来一个全面的解决方案。然后，系统被称为自动计量管理（AMM），基于双向通信，可以收集信息并便于电能表的远程操作。

由于AMM系统对总体目标的响应，该系统迅速成为了标准：应对法规变化（其变量取决于地理区域和国家）、提高用户满意度、促进监管机构/供应商的预期发展、启动DSM行动和能量转换、改善配电性能等。在本书中，保留术语AMI。

多方面的国际经验表明，不论是在何种计量功能的背景下（消费计量、预付、关税管理、质量测量、下行运行等），都不能只建立一种单一的技术标准。

在基础设施方面有两种较常用的方法：要么是端到端集成法；要么是基于互操作性的模块法。

集成法需要单一的制造商制造集中器和电能表。某些设备制造商也为“前端系统”提供软件方案（电能表的数据收集和验证系统）。小型DSO（拥有数十万用户）通常使用这种方法，项目运行被有限数量的干预者简化。然而，一旦系统就位并且电能表群被安装，DSO必然长期与制造商绑定，而不一定拥有更改和设施维护费用的控制权。

模块法取决于一些设备制造商（电能表和/或集中器）和提供“前端”系统软件方案的编辑器/集中器。这种方法通常用于大型DSO（拥有数百万用户），因为它减少了对任何单一制造商的依赖并且在公开招标的大背景下产生了竞争。但是，这种方法需要DSO在技术选择的确立方面有一定的影响，并且在项目运行方面有巨大的投资（设计、试验和部署），需考虑到各方利益相关者/当事人。

通信是计量系统的核心（见图4.2），一方面要确保电能表和集中器之间的通信（局域网—LAN），另一方面要保证集中器与中央系统之间的通信（广域网—WAN）。在某些配置中，电能表可以直接与中央系统通信。

就LAN而言，DSO一般选择3个最成熟的技术之一（无线mesh、GSM/GPRS/3G数据和PLC）：

—GPRS被直接利用于到中央IT的每个电能表：这种点对点的技术，被电信运营商所青睐，主要使用于少数几个国家，其计量职责取决于能源供应商（如英国），且其部署针对“高端”用户。此外，这种点对点技术一般用于高人口密度区域。该技术的缺陷是比较昂贵：GPRS方案在投资和运行方面的费用是PLC的两倍。其另一个不足之处在于这些技术将会快速更新，从而导致调制解调器的寿命更短；除了其高昂的更新成本，在图像方面也会对用户产生很大的影响。最后，该方案将DSO限制于一个不受控制的设施之中。

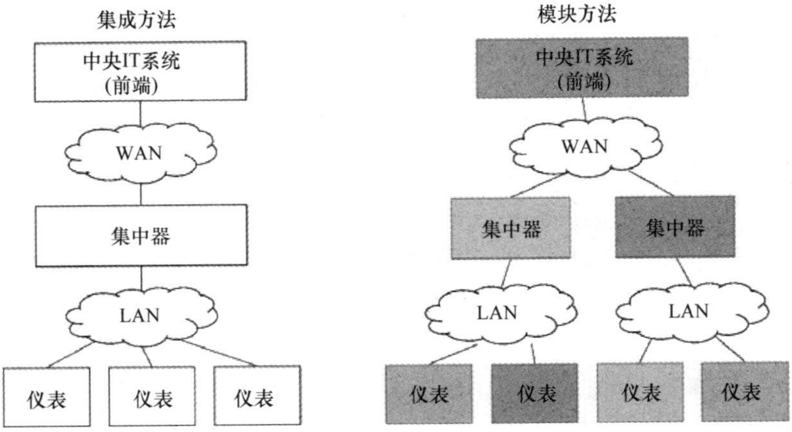

图 4.2　AMM 系统设施的方法（来源：作者）

—无线 mesh 方案也呈现出同样的缺点。该方案适应于低密度区域（如美国）。虽然比 GPRS 方案便宜，但其成本仍然高于 PLC 方法。

—LV 电网中电能表和集中器之间的 PLC：如果 DSO 负责计量工作，并且考虑大量的和系统化的部署，那么 PLC 技术是最合适的技术。这就是为什么该技术被使用于那些智能计量项目由 DSO 负责的国家的原因（如意大利、西班牙、荷兰等国，见图 4.3）。通过依靠已提供经费的设施，PLC 技术将控制成本的优势与设施相结合，由此在质量（无盲区）和安全性（独立于电信运营商和所选方法的稳定性）方面获得成效。

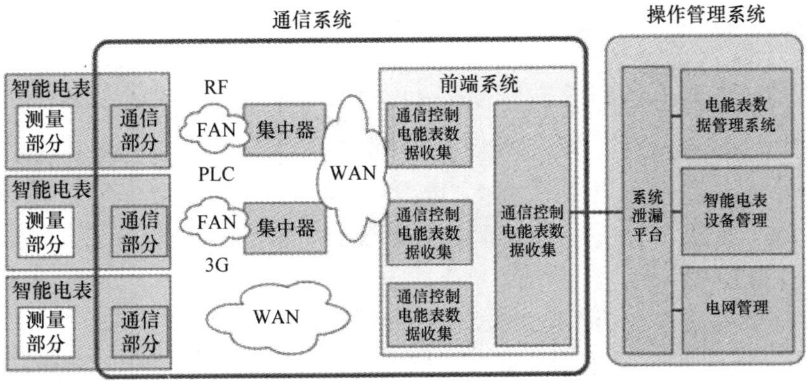

图 4.3　AMI 和通信技术

（来源：Toshibahttp：//www. toshiba. co. jp/about/pRES/2013_ 05/pr0103. htm）

在 WAN 环境下，DSO 主要选择 GSM/GPRS/3G 数据，作为电信运营商的基础设施，通常可提供良好的区域覆盖率。在某些国家，光纤电缆的部署可以作为一个备选［例如数字欧洲计划的目标是到 2020 年使 50% 的人口获得高速互联网（100Mbit/s）］。

4.4 Linky 智能计量系统

4.4.1 项目的范围

Linky 项目的范围严格遵守系统的架构。因此，适用于电能表和中央信息系统（CIS）之间的组件和通信技术，既不属于电能表的下行范围，也不属于 DSO 的其他信息系统（IS），但是 CIS 已经使用或将要使用（见表 4.1）。

表 4.1 主要欧洲国家的 AMI 架构（来源：Berginsight 2011）

	部署	发电	软件下载	下行通信功能	LAN 技术应用	保证互操作性	断路器
架构	2020 年 80%	AMM	★★★	★★★	国家相关	★★★	★★★
ERDF（法国）	1%	AMM	★★★	★★★	CPL	★★★	★★★
E－On（瑞典）	100%	AMR 之后 AMM	★	★★	1/3GPRS 2/3 CPL	–	★
ENEL（意大利）①	100%	AMR 之后 AMM	★	★★	CPL	–	★
ENDESA（西班牙）	25%	AMM	★★★	★★★	CPL	–	★★★
IBERDROLA（西班牙）	10%	AMM	★★★	★	CPL	★★★	★★★
ENEXIS（荷兰）	15%	AMM	★★★	★★★	GPRS 和 CPL	N/A	N/A

① 来源：Enel，London presentation，January 2013. all functionality eveolves toward the state of the art with the transition of countries into AMM。

因此，Linky 项目范围以外的，更新大众市场用户的 IT 和存储消费数据的系统可与其指导小组（计划、成本、风险等）并行开发。此外，电能表下行问题不属于项目范围。例如 Linky 电能表的规格变化需要考虑各方协调的请求㊀，但 Linky 无线发射器（LRE）不在 Linky 项目范围内（见图 4.4）。

4.4.2 体系结构和技术的选择

4.4.2.1 Linky 系统：从中央信息系统到电能表

该系统由 3 个部分构成（见图 4.5）：

㊀ 移除电能表前端的 USB 端口支持电能表底部的标准化端口，非加密区域访问用户端，以调节无线发射器。

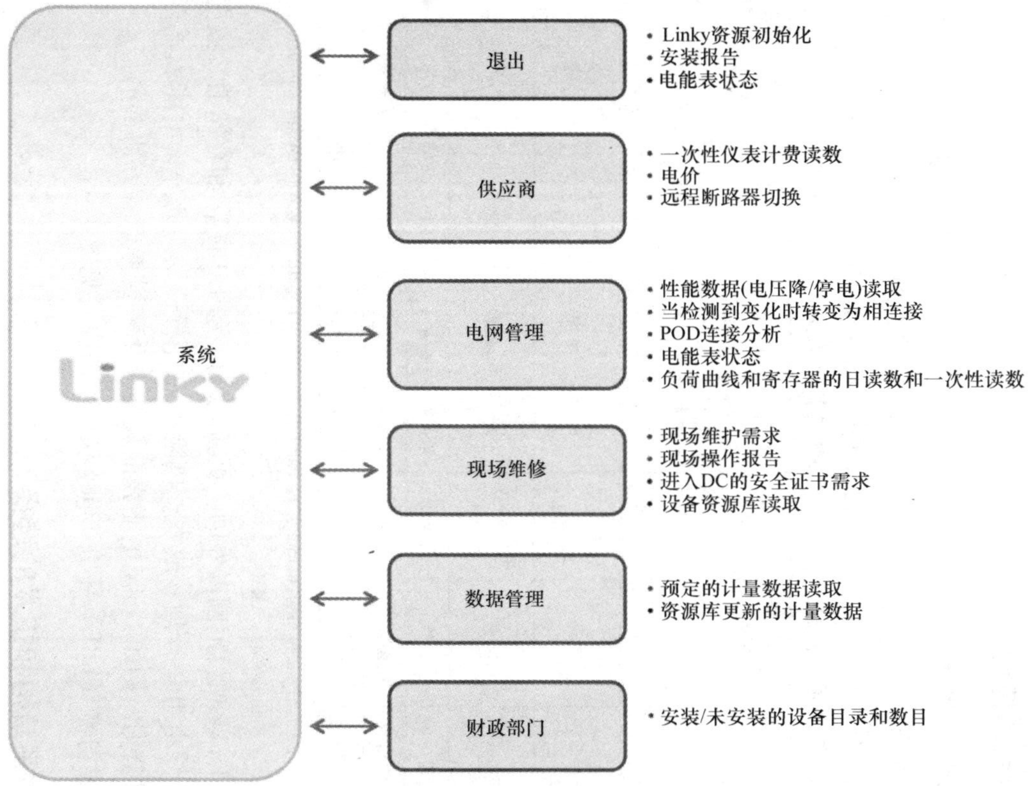

图 4.4　服务的主要类别:电能表的数据提供/读取,远程操作

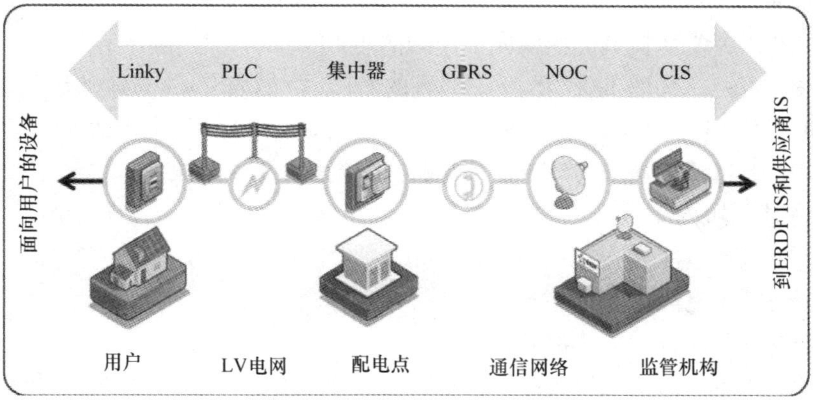

图 4.5　Linky 系统的架构（来源：2014 年非洲智能电网论坛的 ERDF－介绍“法国 Linky 项目” http：//www.africasmartgridforum2014.org/fr/expert/sessionb2/marc－delandre－project－de－compteur－intelligent－lynky－en－france－fr.pdf）

—中央系统，CIS，主要由服务接口、一个协调器和监督设备构成。

—分布式系统，其中包含电能表及其软件（固件）、LAN 通信、集中器和其软件［固件和特有的软件包（USP）］。最具结构化的选择是与 USP 相关的。具有互操作功能。

—电网运行中心（NOC）：通过使用 GPRS 确保中央系统和分布式系统之间连接的节点。选择使用 NOC 有两个主要原因：

－提供一个多运营商电信方案以保证更好地获取区域内每一点的信号；

－时刻保持不同电信运营商之间的竞争优势。

4.4.2.2　LAN 选择 PLC

在通信技术迅速发展的大背景下，AMI 项目上运行的基准证实了 3 个通用的解决方案是可能的（无线 mesh、GPRS 或 PLC）。

ERDF 的选择是，在 PLC 标准方面，CENELEC A 谱（5～95kHz），有 4 个原因：

—与频率更高的相比，电子元件的成本较低；

—较低的调制解调器消耗（成本也较低）；

—较低的调制解调器热耗（因此，在小空间内设计一些简单的电能表）；

—保证频谱的可用性，为 DSO 预留。

为所有的服务提供相同的承载（远程采集、远程干预等）。

4.4.2.3　部署计划

广义的部署计划是在 2015～2016 年安装 300 万块电能表。在此期间，大多数电能表将使用 G1 PLC 协议，这在 Lyon 和 Tours 地区 30 万块电能表的试验中已得到验证。

G1 PLC 协议及其等价物构成了全球的主 PLC 参考。实际上，最近的协议是 Meters 和 More，这是 3000 万 Enel 部署的 AMR 电能表和 Endesa 部署的 1300 万 Prime 电能表项目的基础（到 2013 年年底大约部署 300 万块电能表）。

ERDF 还将使用新的 G3 - PLC 协议，可概括为 4 个阶段：

—在某区域内测试 G3 - PLC；

—保证 G3 电能表和 G3 集中器之间的互操作性；

—使用 G3 电能表验证整个 Linky 系统的 G3 运行；

—保障 G3 设备的整体部署过程。

本书的目标是从现在开始到 2021 年，实现具有 G3 技术的 3500 万块电能表的部署。

4.4.3 系统运行的要点

4.4.3.1 Linky 电能表的基本要素

显示器可帮助查询到每日开始的电流负荷和所能达到的最大负荷。

电能表管理两个收费日历：供应商收费日历（有 10 个可能的索引）和 DSO 日历（有 4 个可能的索引）。电能表提供 1 个物理干触点和 7 个虚触点，这些触点由供应商的调度驱动，并由远程用户信息端（TLC）进行传送。

电能表管理两个不同概念的电力负荷：用户合同规定的负荷和最大电力负荷。一般来说，最大负荷等于订购负荷。电能表不间断地测量能耗，通过检查最大电力负荷并保持类似于断路器的运行方式从而保证负荷控制。

电能表的下行操作可能是干触点和 TIC（除此之外，还有虚拟中继位置的传输）。Linky 电能表的功能如图 4.6 所示，上行和下行通信模式如图 4.7 所示。

4.4.3.2 数值记录

电能表在白天进行记录，在夜间测量数值，且由系统对这些数值进行收集。

Linky 电能表的记忆功能相当于给定数量的已存点。一旦达到这个数字，最旧的数据会被删除，以存储最新数据。尤其是，该电能表记录：

—负荷曲线：Linky 负荷计费每 10 ~ 60min 记录一次，取消和/或输入；在消费模式下，容量为 3600 条记录取消负荷曲线。

—白天将会明显达到最大功率：使用取消和输入时间标签的方法记录明显的日功率最大值；记录每日保存 63 次。

—持续的和短暂的断电监测：专用日志记录所有断电相关的事件（断电和恢复）；可记录 100 个事件。

—电压偏移：150 条记录使监控电压偏移成为可能（日期和超过监管范围的电压偏移持续时间）。

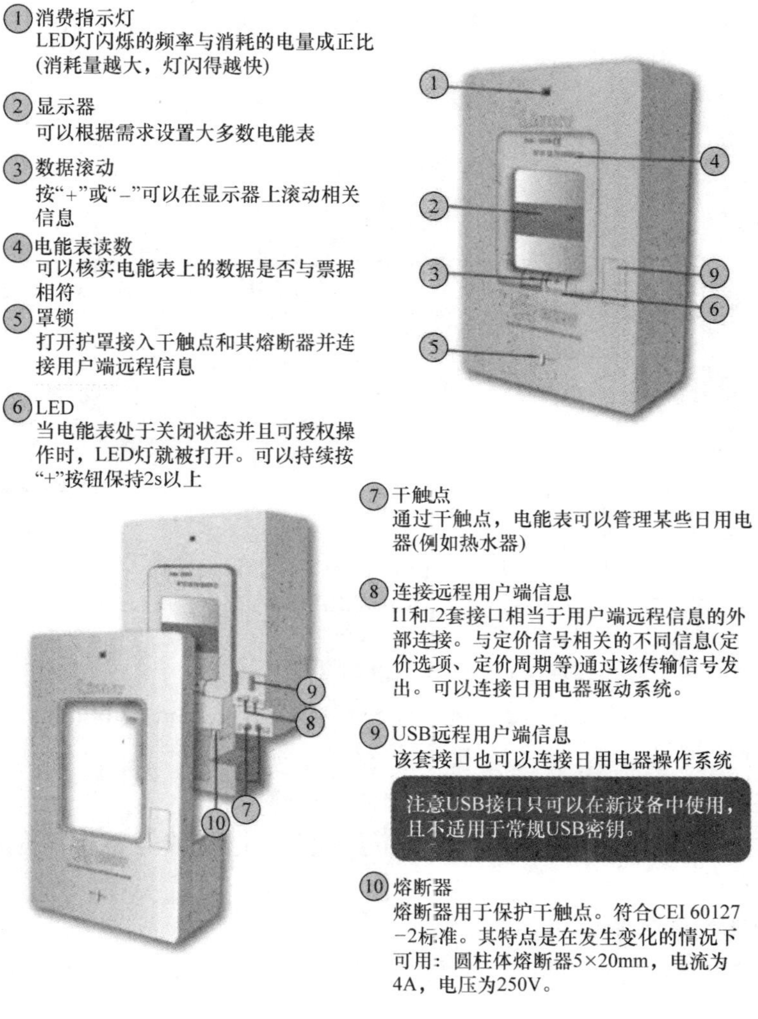

图4.6　Linky电能表的功能（来源：ERDF，http：//www.erdf.fr/medias/Linky/ERDF_ Linky_ Notice_ Compteur_ Monophase_ 1.pdf）

—开关装置的运行：日志专门用于记录电路的开启和关闭，开关装置是20条记录。附注，对于每个开关装置，要保证其操作的正确性。

—设备的检测异常和自动诊断功能：电能表集成了异常检测和自诊断装置。如果出现问题，这些指标会被记录在一个故障登记表中。这个状态登记表也给出了某些电能表功能的实时状态。

4.4.3.3　系统功能

1. 系统化或按需收集

记录收集：电能表记录的所有数值都可以按需收集。

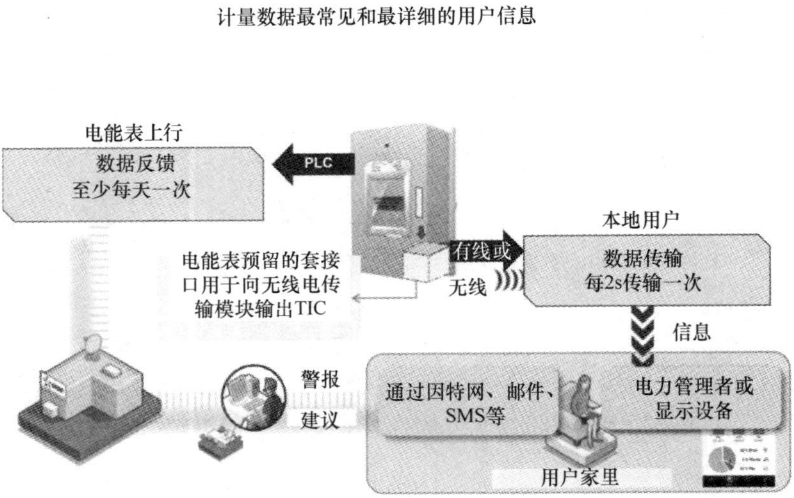

图 4.7 Linky 电能表的上行和下行通信模式
（来源：2014 年非洲智能电网论坛的 ERDF – 介绍“法国 Linky 项目”）

索引：每天系统化地进行索引数据的收集。

负荷曲线：在订购请求后，负荷曲线以 10min、30min 或 60min 为单位记录并进行日常收集（在系统的容量极限值之内）。

2. 在事件发生期间进行收集

异常检测和自诊断装置：当发生电压偏移、断电或异常检测时自动收集数据。

3. 远程供应商操作

操作和调整电能表内的开关装置：遥控开关；具有远程配置触发阈值的开关装置。

定价参数：远程修改定价参数（订购电力收费表）。

移动峰值速率：系统为与移动峰值速率定有合约的用户使用移动峰值传送提供订购通信。

4. DSO 远程操作（甩负荷）

已确定了两类情况：彻底的设施甩负荷（预期的电力中断）和通过降低输出的甩负荷。

该命令与定义了甩负荷区间开始和结束的日期和时间的功能相一致。

对于通过降低输出进行甩负荷的情况，该命令也表明了需要应用于断路容量的百分比的减少。

4.4.4 Linky系统的可扩展性和安全性

所有系统版本都经历了基于以下两种情形的性能测试，首先是基于投影法，其次还有基于与目前发电技术等价的一些模拟服务。需要扩展系统的两个部分：CIS，处理数据收集，远程运营商，与其他部分进行信息流通信；IT（用户，计量）和NOC，保证从CIS向集中器信息流的吸收，反之亦然。

Linky系统的安全基于两大主要原则。第一个原则考虑身份认证、信息交换的秘密性和完整性。该原则依赖于集中器和CIS之间的非对称密钥加密技术（使用证书）以及电能表和集中器之间的对称密钥加密技术。第二个原则是确保用户工具（监督和管理团队）。

预期有以下安全需求：

—预防恶意的同时打开（或关闭）电能表的大量开关；

—保护私人消费生活并防止未经授权的用户访问商业敏感信息（CSI）；

—保证ERDF/计量工作的连续性和质量；

—访问IT的保护。

系统的一般信息安全都有明确要求，同时也代表了当前的技术发展状况：

—每个规定的功能都经过充分的测试和操作，包括LAN的安全（电能表和集中器之间的安全性）；

—实现了“白盒”（审计员有技术参数和特定密码）和“黑盒”（审计员没有技术参数或任何密码）的安全性审计（除FLC和电能表之外）。

—WAN的安全由电信运营商验证。

应永远依照当前的技术发展状况的原则来考虑安全问题。

4.4.5 技术经济分析

技术经济分析确定了Linky项目对于社会的意义和对用户结算清单的影响。

经济分析表明，Linky项目对配电工作的规模进行经济平衡。

从长远来看，这种经济平衡确保了项目在用户结算清单中的中立立场。监管系统适当地使项目在第一个TURPE主题周期内的影响最小化（Tarifd’Utilisation des ReseauxPubliquesd’Electricite——公共电网运行费），以使其与电网收益同步，不考虑额外的潜在收益，即消费者可能会因超过规模分布阈值而受益（上/下行优化、DSM等）。

这种经济平衡是基于技术经济分析的，将“一切照常”的情景（无Linky）与部署了Linky的场景相比较，以便于估计该项目的重要性。技术经济分析获得了一个经济平衡的净现值（NPV）。这个NPV是合理的，因为实际的投资开销和开发成本由非技术损失收益、小规模干预措施（虚拟化的重要组成部分）、数据收集和电网收益（改善运行、相位平衡、投资优化等）来补偿。

4.5 G3-PLC 技术

4.5.1 PLC 的通信原理

PLC 通信使用一种高频、低能信号，该信号以 50Hz 叠加在电网交变电流中。可以通过 MV 和 LV 电网和电能表的下行进行传输。

PLC 信号可实现信息在整个电力网的传输。由位于同一电网的具有同类 PLC 接收器和发射器的设备将其接收并解码。

4.5.2 物理层 PLC 调制技术的不同类型

根据调制（见图 4.8 和图 4.9）技术定义各种 PLC 技术。数字调制可以使用一个或多个正弦信号的 3 个参数：

$$s(t) = A\cos(2\pi fct + \theta k)$$

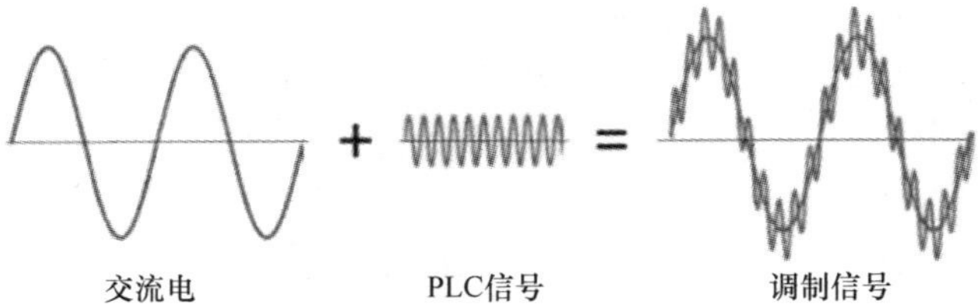

图 4.8 PLC 通信的信号调制方式（来源：能源监管审议委员会关于智能 LV 电网的开发建议，2014 年 7 月）

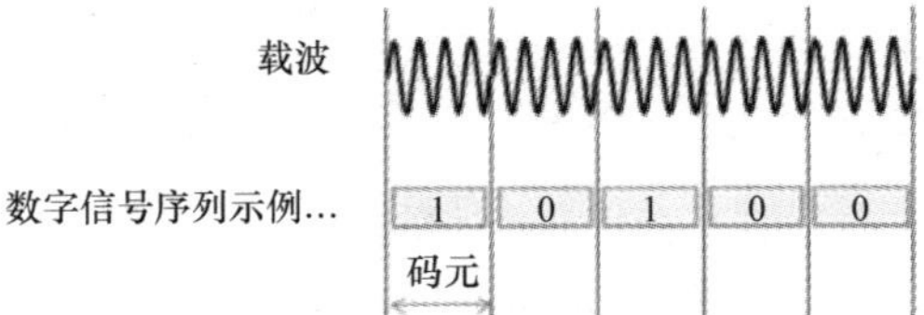

图 4.9 PLC 的调制方式（来源：作者）

—ASK：振幅键控；

—PSK：相移键控；

—FSK：频移键控。

1. FSK 调制（见图 4.10）

发射器影响频率 Fs 值 0 和频率 Fm 值 1。

Fs 和 Fm 频率彼此分开（传播）。Fs 信号远离 Fm 信号，各自传输的质量与窄带噪声无关。

接收者将两种可能的频率（半信道）进行一种经典的 FSK 解调，将会生成两种解调信号。如果这两个半信道的平均接收质量［信噪比（SNR）］相似（见图 4.11），那么决策单元将选择较高的解调信道。

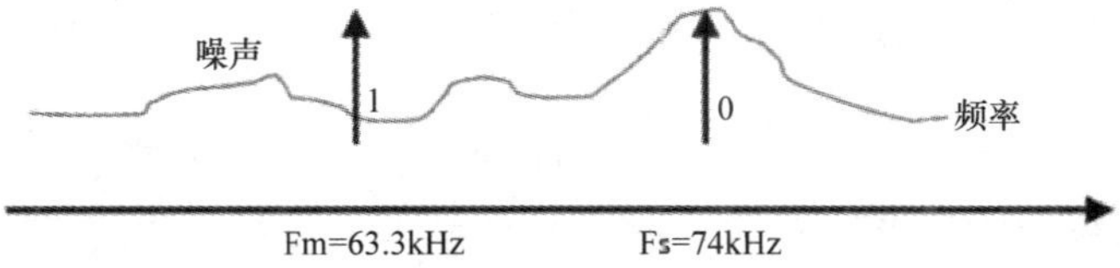

图 4.10　FSK 调制

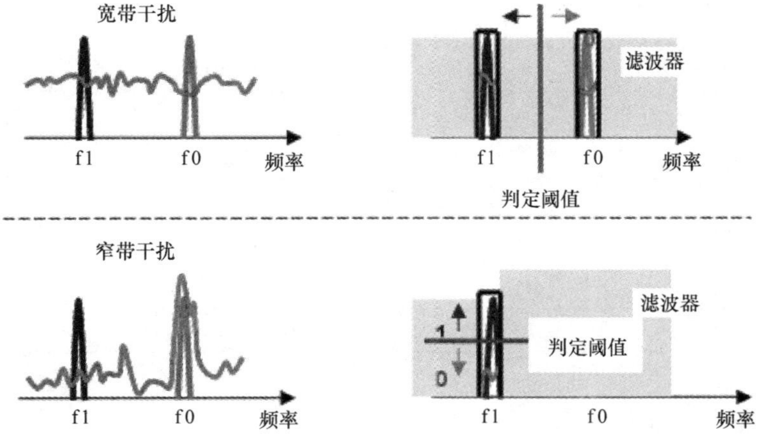

图 4.11　FSK 调制的中断管理（彩色图片见 www. iste. co. uk/boillot/smartgrids. zip）

2. ASK 调制

如果一个半信道的平均接收质量比其他信道好，那么决策单元将会把平均接收质量较好信道的解调信号作为阈值 T，忽略其他信道。

3. PSK 调制（见图 4.12）

数据位映射在差分调制中，例如差分二进制相移键控（DBPSK）、差分正交 DPSK（DQPSK）和 D8PSK。

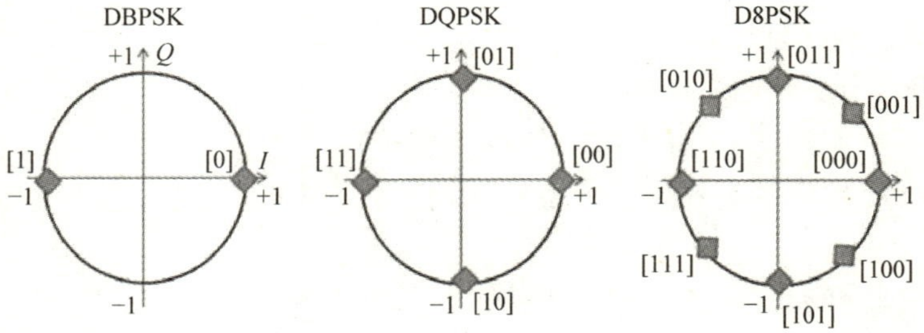

图 4.12 PSK 调制（来源：作者分析）

广义频移键控（S－FSK）使用 FSK 和 ASK 相结合的方式以增强 FSK 的性能。

正交频分复用（OFDM）采用 ASK 和 PSK 相结合的方式。将可用带宽分为许多子信道，可视为许多独立的 PSK 已调子载波与各种互不干扰（正交）的子载波频率。

基于数据速率的 PLC 技术分类见表 4.2。

表 4.2 基于数据速率的 PLC 技术分类（来源：作者分析）

	低速率	中速率	高速率
数据速率	0～10kbit/s	10kbit/s～1Mbit/s	>1Mbit/s
1.1.1	1.1.2	1.1.3	1.1.4
调制	BPSK，FSK，SFSK，QAM	PSK＋OFDM	PSK＋OFDM
标准	IEC 61334，ANSI/EIA 709/1.2，IPB	PRIME，G3，P1901.2	G.hn，IEEE 1901
频率范围	可达 500kHz	可达 500kHz	MHz 以内
应用	控制指令	控制指令，语音	宽带电力线，家庭网络

4.5.3 G3－PLC 技术的特点

电力线路信道对 PLC 通信是非常不利的，其信道特性和参数随频率、位置和连接到电网设备的类型不同而变化。

电网频率范围在 10～200kHz 就特别易受到干扰。除了背景噪声，还受到脉冲噪声和窄带干扰以及高达几百微秒的信道脉冲响应时间的影响。

G3－PLC 为输电线提供了高效安全的通信。G3－PLC 技术由 5 层组成（见图 4.13）：

—物理层（PHY）支持国际化的 10～490kHz 带宽（FCC、CENELEC 和 ARIB）；

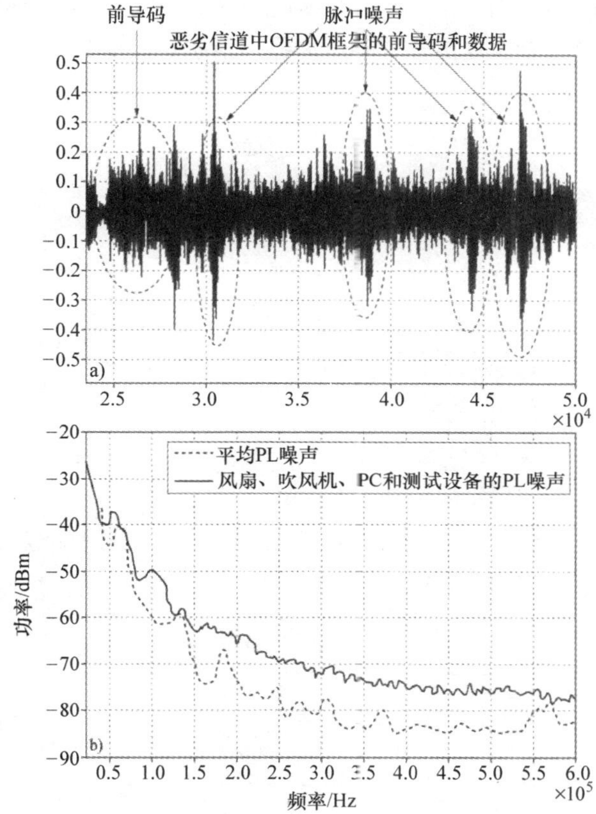

图4.13　中断情况下的G3-PLC模式（来源：G3-PLC Alliance）

—在PHY层上，G3-PLC MAC和6LoWPAN层通过使用连接到电网的中继设备的路由技术提供快速安全的通信条件；

—在MAC层上，传输和网络层支持IPv6和潜在服务［简单网络管理协议(SNMP)、普通文件传输协议（TFPT）等］。

4.5.3.1　基于OFDM的PHY层

OFDM是一种在多个载波频率上将数字数据编码的方法。如前所述，OFDM将可用带宽划分为子信道，可视为许多独立的PSK已调子载波与各种互不干扰（正交）的子载波频率。在CENELEC A BAND，有36个通信子载波。

在OFDM调制中，选择SNR高的频段通信，可实现信号的可靠传输。

G3-PLC支持各种不同的OFDM调制（DBPSK、DQPSK、D8PSK等）。在单载波方案中OFDM调制方式的主要优点是能够应付没有复杂均衡滤波器的苛刻信道条件，例如长铜线中的高频衰减、窄带干扰和多径效应引起的频率选择性衰落。

G3 - PLC PHY 信号使用多层误差编码/解码卷积和 Reed Solomon 编码，提供冗余位使接收者可以恢复由背景和脉冲噪声所引起的丢失位（见图 4.14）。

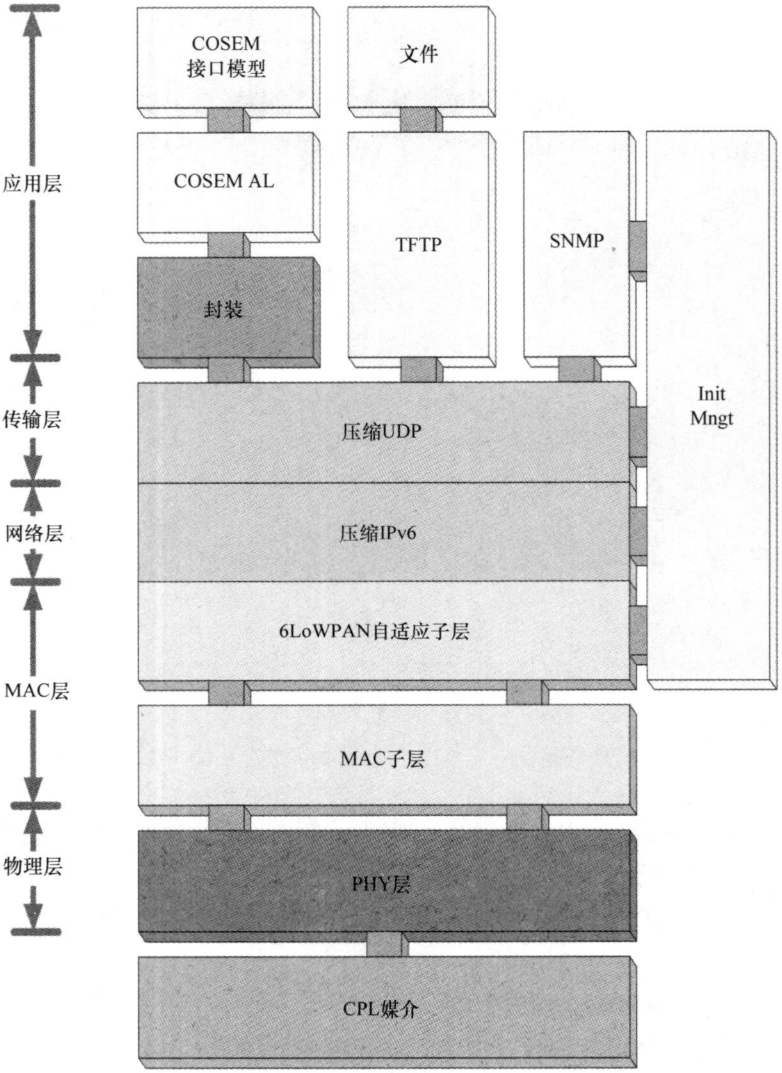

图 4.14 PLC 调制解调器（从 PHY 层到应用层）（来源：G3 - PLC Alliance）

OFDM 信号是通过将复值信号进行快速傅里叶逆变换（IFFT）而生成的，复值信号是由分配于独立子载波的差分编码相位调制而产生的。

基于接收信号的质量，接收者向发射台反馈所推荐的调制方案。

4.5.3.2 MAC +6LoWPAN 层：邻居和路由表

G3 - PLC 技术的主要特点之一是使用“中继”将信息从“发送端”（T）传

输到“接收端”（R）。当G3－PLC信号无法到达接收端，使用“中继”技术是非常有必要的：如果T和R之间的距离太长和/或如果T和R之间的传输通道质量不够好。

“发送端”T使用附加中继（如通过另一个G3－PLC设备连接到配电网）。

当设备接收到数据包时将检查其路由表。如果找到目的地，该设备将数据包发送至下一跳路由。如果找不到，将启动路由建立（路由发现机制）来找到目的地的路由。电网中的每个节点（设备配备G3－PLC调制解调器）都有一个邻居表和一个路由表。

邻居表中包含的字段列见表4.3。

表4.3 不同的路由域

短地址	邻居节点的MAC短地址
有效负载调制	差分或相干模式（FCC和CENELEC A频带支持相干模式）
单调映射	参数定义频率子带可被用于设备通信
调制	定义了用于通信的调制类型

4.5.4 G3－PLC是一个成熟的标准

4.5.4.1 性能规范：主要成果

—G3－PLC性能规范的“PHY＋ MAC”部分是成熟的，并且基于固定2012版，完成了3个市场频段（CENELEC A、ARIB和FCC）的互操作性测试。

—发行了“反向兼容”步骤和修正的G3－PLC性能规范。

—2013年12月ITU出版了一个新的稳定版本：ITU－T G.9903（2014）。

—还包括最新的修正和阐述条目，考虑了2013年6月和9月进行的测试以及一些反向兼容的增强功能，可允许FCC频带在G3－PLC联盟参考版本，ITU G9903和IEEE P1901.2之间极度融合。

4.5.4.2 互操作性测试

互操作性测试的任务如下：

—开发互操作性进程和测试：目标是PHY、MAC和6 LowPAN包括路由；

—执行首轮互操作性；

—验证规范，在需要的时候对规范提出修正和阐述；

—完成定义后，向G3－PLC联盟所选择的认证实验室传输进程和测试；

—根据规范的演变来维护进程和更新测试。

4.5.4.3 市场概述

G3－PLC联盟的市场潜力与日俱增。对于可以使高数据速率、鲁棒性、安全性、服务质量以及较低设施成本之间达到平衡的技术是一个巨大的发展机会：

—欧洲电网正处于大力发展阶段，其公用事业正在制定决策以实现2020年欧盟指令的要求：ENEXIS 和 ERDF 已经公告 2 和 32 G3 - PLC 在 2020 年之前要安装数百万块电能表。

—亚洲是智能电网应用和通信技术增长最快的市场，它们可以在噪声环境中很好地工作。成功的现场试验证明，G3 - PLC 就是答案，日本已出公告（CEATEC 项目，2013 年 10 月），主要是关于路由 B：智能电表和家庭能源管理系统（HEMS）之间的通信。这将代表智能电表中 8000 万个调制解调器的市场，并且可能是在用户的前提几乎相同的情况之下。此外，许多其他亚洲国家及地区对 G3 - PLC 也很感兴趣，并且正在试点进行测试：韩国、马来西亚、印度等国家和中国台湾等地区。

—其他地区也承诺：中东和南美（巴西）将对 G3 - PLC 联盟（见图 4.15）进行关注。

图 4.15 G3 - PLC 联盟的成员（2014 年 6 月，来源：G3 - PLC Alliance）

4.6 智能电表对高级智能电网发展的贡献

4.6.1 法国：Linky 服务于配电网

4.6.1.1 专项计划

自智能电表项目全面开始后，围绕以下 5 个目标，启动专项工程开发网络功能：

—使用户连接更加完善和安全，以及自动检测LV电网访问模式的变换。

在地理信息系统（GIS）中，每个用户端都被连接到二次变电站的一个部分。在AMI拓扑中，每个电能表都被连接到二次变电站的3个LV相位之一。GIS和AMI之间的相位捕获和偏差检测的过程被工业化（连接、打开点、临时补偿、串扰等）。

大约5%的用户无法连接到正确的变电站。在简单情况下，校正时间在3min以下。对于复杂情况，可以使用负荷曲线或围绕受AMI影响的电压标准的使用进行搜索。

—使用Linky发行的数据（中断和电压偏移）来识别低质量的供电用户（LQS）且优化解决方案来处理这些问题，从而提高用户理赔的处理，促使内部和外部统计数据的发布。

第一目标是在AMI的发展中有一种工具可以利用电能表发布的数据跟踪电压等级和长时间的及短暂的断电事件。第二个目标是为企业提供必要的支持，各种信息，组织并按等级排列最恰当的IT来改善理赔处理和干预及投资决策。

—指定新的二次变电站以及策略和设备，使现有架空和地下设施的发展都与Linky项目保持一致。

—使用配备Linky集中器的变电站故障探测器的远程收集技术来减少断电次数。提高LV电网故障的检测并使用户通过帮助信息处理事件的能力不断发展。通过提供更大的柔性来优化当前的甩负荷设备。

TCC可检查电能表和获取电能表状态及错误记录，这些记录包括开关状态或打开开关的原因（过电压、过载以及IS命令）之类的信息。“Linky ping”是一个诊断帮助工具，比用户端检查电能表的速度更快。

—通过保持用户连接相位的账户和用户的实际负荷曲线来改善投资决策。

通过AMI（用户相位和用户实际负荷曲线之间的连接）可以查看新信息以解释突发事件或供电质量的非典型情况，按照优化方式重新连接新设备（优化连接相位以减少损耗），优化传统研究中使用的处理模型（提高电网的建模能力）。

4.6.1.2　电网计量系统对于MV/LV电网的操作和控制是一个重要的工具

当集中器和电能表群中的一块或几块电能表之间出现通信故障时，AMI的下行将会出现警报，可能预示着LV供电中断。

AMI系统的周期性查询与突发事件警报的使用相关（过电压时打开断路器），使LV电网的上行监督成为可能。监督性能取决于PLC连接的可靠性和集中器与电能表之间通信故障的检测延迟。

如果电网发生过电压情况，应打开电能表中的断路器，为了保护设备，用户没有关闭权限。一旦解决了电网问题，必须给每块电能表发送一个指令使其恢复初始状态。

AMI 提供减负荷装置

对用户来说，一次变电站的负荷限制或容量调节比负荷切断方式更合适。DSO 在目标方式和容量方面降低电网负荷。

这种降低容量的方法首先可以视为一种维持资源的方式，在发生传输或配电网拥塞的情况下，可以通过预期管理进程或运行检测来激活，并且无法由其他电网或市场灵活性的媒介来解决。

保护装置可以由 DSO 激活，以满足自身需求或响应输电系统运营商（TSO）的请求。

4.6.1.3 强化智能二次变电站

智能电网的挑战之一包括通过调整本地问题的发展来提高二次变电站的智能功能。

该方案由标准通用的集中器组成，其特点是拥有一组受限的电网功能，将多数变电站和补充电网功能集成于一个特殊的盒子，并在有限数量的变电站中以高风险的方式将此盒连接到集中器。

这些功能使人们可以沿着 MV 和 LV 馈线更好地跟踪和控制电压等级（见图 4.16）。

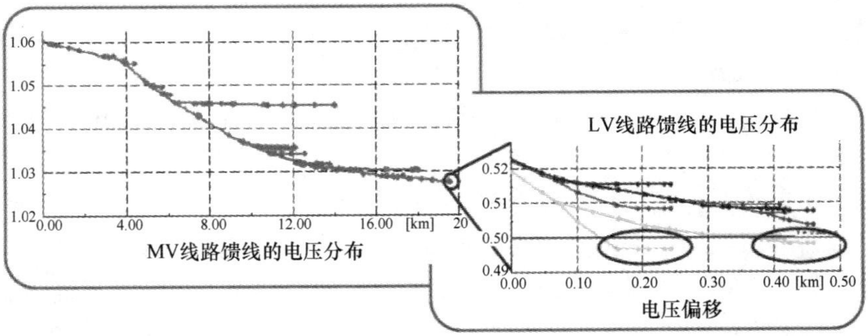

图 4.16 MV 和 LV 馈线电压分布实例（彩色图片见 www. ise. co. uk/boillot/smartgrids. zip）

4.6.1.4 已开发的功能

Linky 系统与电网操作系统耦合，GIS 可促进以下功能的发展：

—检测供电不足的用户：Linky 电能表记录的电压偏移分析结果，与电网中发生的事件分析结果相互参照（运行和突发事件），便于从实际测量值中识别出供电不足的用户（即用户的供电质量不符合标准要求），而不是仅依靠计算和模拟。

—特定的地理位置的供电质量：Linky 电能表记录的数据分析结果（中断和电压偏移）与电网中发生的事件分析结果相互参照（运行和突发事件），不同的可用测量值将引导人们做出特定区域的供电质量诊断，从而实现电网强化。

—电力质量：此功能的另一个方面是电力质量领域（闪烁、快速的电压变化、谐波等）。后者的分析基于运行监控功能。

—使用户信息现代化和改善内部报告：更多更精确的可用数据，加强用户的信息以及供电质量的常规报告。

4.6.1.5　进展演示（电能表和电网之间的一些有针对性的插图连接）

ERDF 智能电网项目的几个示例是基于 Linky 电能表和集中器的部署（见图 4.17）来开发 MV 和 LV 电网的高级观测和控制功能。

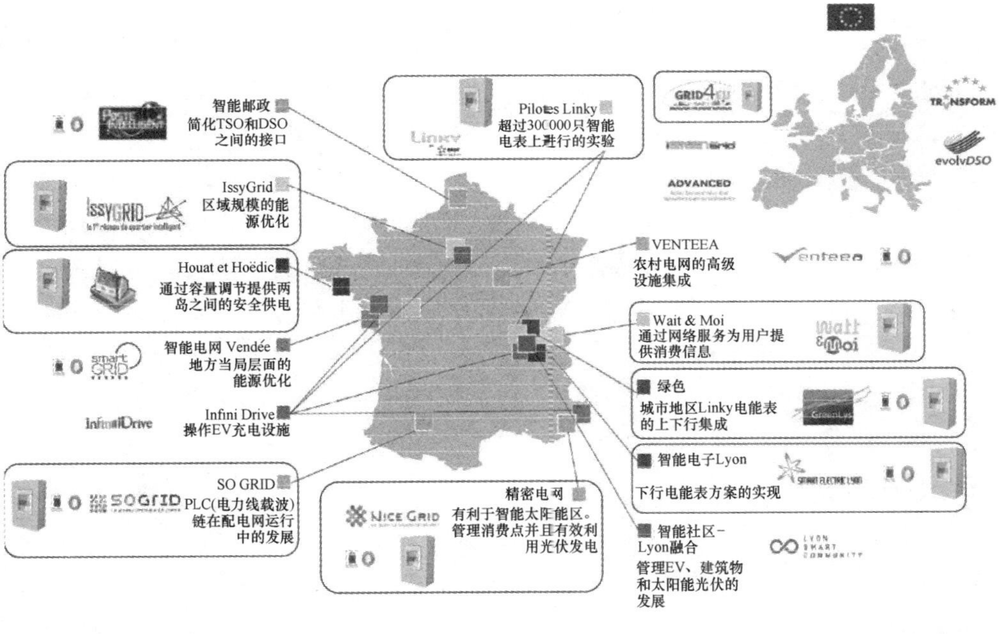

图 4.17　ERDF 智能电网展示和智能电表连接图（来源：ERDF，巴黎智能电网展示，2014）（彩色图片见 www.iste.co.uk/boillot/smartgrids.zip）

详细内容：

—NiceGrid 项目（Carrors）：该项目研究 Linky 对高 PV 发电密度区域中的识别能力约束以及测试电池存储解决方案的贡献。

—GreenLys 项目（Lyon，Grenoble）：该项目研究 Linky 对电网运行、投资规划和非技术损耗检测的贡献。

—SO GRID 项目（Toulouse）：该项目旨在测试 G3 - PLC 的整个链接，从电能表到主变电站，并评估其电网需求的性能。

—Smart Electric Lyon 项目（Lyon）：旨在展示新 Linky 功能对电能表上行的

驱动力的贡献；特别是，它提供了在标准化方面的工作以及 Linky 无线电发射器的使用测试。

—Houat 和 Hoëdic 项目（Brittany 群岛）：成功试验了在两个岛屿的供电电缆维护和突发事件期间的调制性能。

最后，在某些示例中，SMS/SMI 电能表不仅用于记录 LV > 36 kVA 的用户端和 MV 用户端的消耗/发电情况，也用于检测二次变电站中的测量值。

第5章　柔性选项

5.1　柔性是DSO的补充工具

5.1.1　简介

为了限制分布式发电相关的电网负荷的增加，电动汽车和公共配电网（PDN）峰值的“自然”上升，配电系统运营商（DSO）需要实现柔性来延缓某些电网增强体。

系统运营商［传输系统运营商（TSO）和DSO］都有确保系统稳定和供电安全的职责。如今，DSO使用主要工具来克服电力消耗的增加，或通过铺设更多的电缆、扩容变压器等来强化电网。但是充分利用电网用户提供的柔性是最近迅猛兴起的一种方案。

如果允许使用系统柔性服务，DSO则可以充分利用其电网。类似地，增加电力市场的柔性（适当地在技术上和经济上）将会给DSO、电网用户和社会带来很多好处。然而，这意味着不同的配电网有不同的方案，将新的风险利润和不确定性结合，不是像过去那样进行管理，如今的电网管理要加强可观测性、可控性和市场利益相关者的交互性。

DSO将获得柔性系统服务以最高效的方式规划和运营其电网。柔性是一个补充工具。系统柔性服务不是方案、连接和访问投资的替代工具，而是一种可以给系统带来更高效率的工具。

因此，柔性可以被定义为“发电输入修正和/或消费模式对外部信号（价格信号或激活）的反应，以便给能源系统提供服务”。用来描述柔性的参数包括功率调制的数量、持续时间、变化速率、响应时间、位置等。

使用系统柔性服务进行电压控制和拥塞管理可以为DSO带来明显的优势。

5.1.2　DSO在柔性方面的需求

5.1.2.1　频率控制

频率控制的目的是保持频率在可接受的范围之内，这是TSO的职责。随着可再生能源（RES）在配电网中的发展和向主动式配电网的演化，需要有效功率存储满足计划外的需求或突发的生产损失的增加。今天，这些存储主要是通过集中式发电连接到输电网。然而，在一些拥有丰富 RES 资源的国家［主要是风能和太阳能光伏（PV）能源］，现在就需要从 RES 获取某种存储功能。

自 RES 应用于配电网以来，确保 RES 为有效功率存储和频率控制提供有力支持已成为 DSO 的职责。同样，随着配电网旺盛需求（AD）的发展，住宅用户和中小型企业以及工业用户也需要为有效功率存储和某种频率控制提供有力支持。在这种情况下，取决于监管体制，DSO 将会发挥重要作用。

5.1.2.2 潮流控制和电网拥塞方案

在配电网中，柔性（AD，发电）通过修改负荷和/或输入以及修改电网潮流，以解决高压（HV）、中压（MV）和低压（LV）电网的拥塞问题。这些需求具有"实时"性，且与电网规划的优化相反，不能通过投资来解决。这些柔性可以根据已检测到的电网约束用于不同的时间帧。

这些拥塞可能由作业、故障或极端条件（如极端温度条件）所引发。

5.1.2.3 电压控制和无功功率补偿

在第 2 章中已经指出，配电网中的电压必须保持在上下极限之间。电压分布沿负荷和发电馈线而变化，因此必须实现电压控制。

在柔性的使用方面，功率因数校正是最简单的方法，通过义务（网格编码技术和询问连接需求）或合同承诺（可能的处罚）的方式，已在大型或中型用户区域或发电机中实现。然而，AD 也可能被用于控制电网中某些点的电压，虽然这并不容易实现。需要适当的监控，以避免可能的不利影响。

5.1.2.4 紧急情况

可采取以下措施来维持系统电压稳定性：

—提高无功功率输入；

—减少负荷；

—开启新发电单元；

—限制 HV/ MV 变电站中变压器抽头转换开关。

DSO 参与以上这些工作。应考虑在配电网中使用柔性。然而电压波动是一个非常复杂的现象，可能很难建立一个恰当的策略。这种情况下就需要 DSO 的自动操作/控制方式。

5.1.2.5 恢复/黑启动

柔性有助于部分配电网（MV/LV 变电站或大型区域）或输电网局部或完全丧失供电能力后的电网恢复或系统断电后的黑启动，这样可以给 DSO 和/或 TSO 提供服务。

限制消费或调整发电将有助于发电单元和变电站（一次或二次变电站）逐步恢复网段的负荷，允许电网所有部分的重新连接。

5.1.3 柔性的价值

从 DSO 的角度出发㊀，使用柔性服务可以给电网运营商和电网用户提供一些量化收益，其中包括：

1. 最优化的配电网容量投资

如果出现电力需求非常大的情况，由于容量有限，部分电网将会发生拥塞。电网运营商通常通过投资电网强化来解决这个问题。使用柔性有助于推迟投资或设施无法强化时解决拥塞问题。如果柔性撤销了一个投资，则该柔性的价值等于无效强化的资本支出（CAPEX）和折现运营支出（OPEX）总和。如果柔性服务使 DSO 推迟投资，柔性的价值可以计算为延迟期间内的无效资本回报率成本。

2. 减少技术损耗

从发电机到消费者传输 kWh 所致的电网损失（在配电线路和变压器中的功率损耗），与电力线路的长度成正比。柔性服务有助于减少损失。本书已给电网损失给定了一个值，柔性的价值相当于未被损耗的电量。

3. 拥塞限制提高电网的分布式能流

通过使用柔性服务，DSO 在具有大量可变电力资源的地区可以更好地控制电压分布。柔性可以直接使电网用户受益（如太阳电池板所有者），向电网馈入更多的电网能量。这里的价值是由电压控制中的无效投资和维护成本所决定的。

4. 提高分布式发电容量

这一点与前面一点相关联。通过保持电网稳定性，柔性服务可在某些领域提高电网的分布式发电容量。这里的价值也取决于电压控制中的无效投资和维护成本。

5.1.4 Alliander 智能电网成本效益分析（来源：Alliander）

Alliander 完成了一项关于能源格局主要变化对配电网影响结论的研究，其中包含：电动汽车（EV）、热泵和太阳电池板。该公司研究了以下 3 种情景：

1）“一切照常”（BAU）；

2）“稳步增长”（SG）；

3）“极端能量转换”（EET）。

对于以上每一种情境，Alliander 依照电网的新峰值对其进行研究和预测。对所有电网组件和即将出现的负荷进行自下而上的研究，在这 3 种情况下，预计到

㊀ 见文献［EDS 14c］。

2030 年电网会产生超高峰。其范围从 +20%/40%（BAU）到 +75%/230%（SG），直到 +300%（EET）。

所以需要一组方案来处理这种情况，以提高电网容量，更主动地管理需求/发电及增加存储。从这 3 个主要方案来看，5 个具体方案（存储）没有一个方案是比较经济的（见图 5.1）。

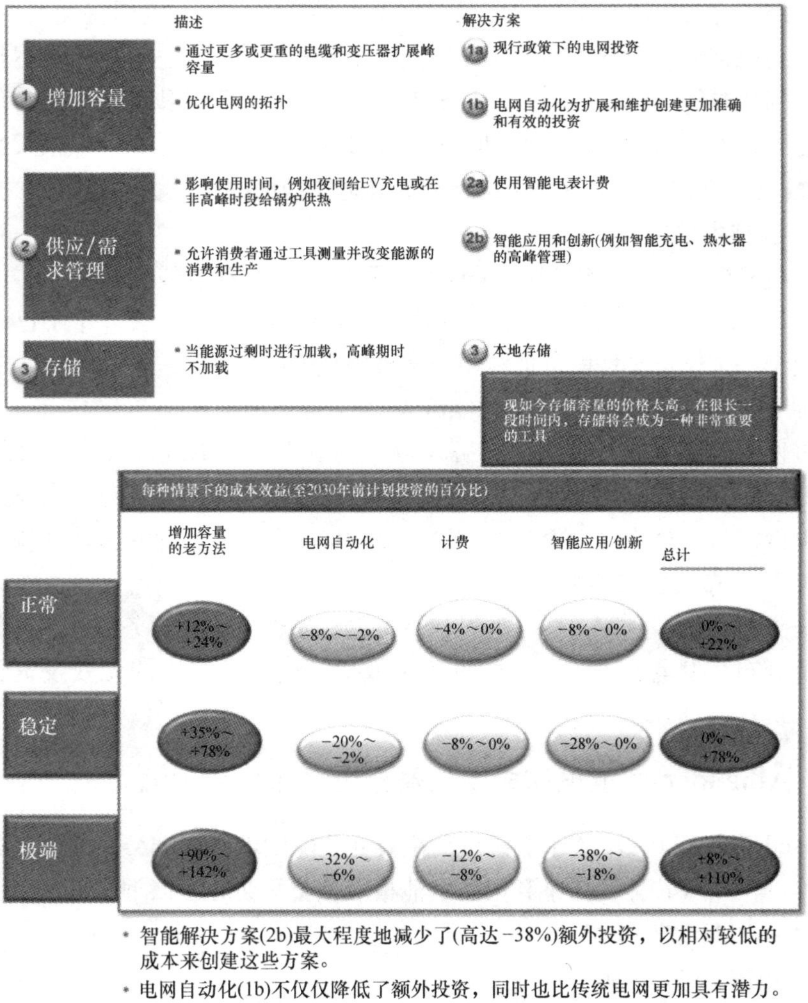

图 5.1 研究目标和结论（来源：Alliander）

这项研究的结论是，使用更多的柔性取代仅强化电网的方式，这种方案适用于所有场景。在传统方法中（EET），这意味着到 2030 年将会有 +142% 的累积投资。电网自动化、收费差异化和智能应用/创新会降低到 +110% 左右。

智能应用/创新是智能热泵、EV 智能充电等。基于供应商方面（实时电价和分时电价）和基于 DSO 方面（尖峰电价和尖峰回扣）的收费差异化可以平均降低 12% ~20% 的峰值。完整的研究结果如图 5.1 所示。

智能方案以相对较低的成本最大程度地消减了额外投资。电网自动化对于当前电网来说也具有较大的潜力。

5.1.5 可启用的两种方式

5.1.5.1 准时和精确的最优 RES 定位方式，例如：

—规划 RES 的位置：减少配电网中部分位置不正确的 RES（即通过发电强化约束）；

—提高平均光伏发电：减少连接于 LV < 36kVA 的设施数量，而是连接于 MV 和 LV >36kVA，其连接/强化成本较低（欧元/kVA）。

5.1.5.2 与实时操作相关的方式，参与本地规模的负荷“均衡”，例如：

—控制本地峰值（通过 AD 操作：负荷调节、延迟等）：限制峰值增加，从而降低电网强化成本。

—发电主动式管理：局部均衡生产（或相反的，刺激消费）超过某个确定的约束阈值；

—反馈管理：发电机输入无功功率允许保持授权最大电压。这种输入已在 MV 电网中进行。这种方式建议进行 LV 电网扩展。

最后，DSO 激活这些柔性需要分析他们的效率和可接入性（见图 5.2）。

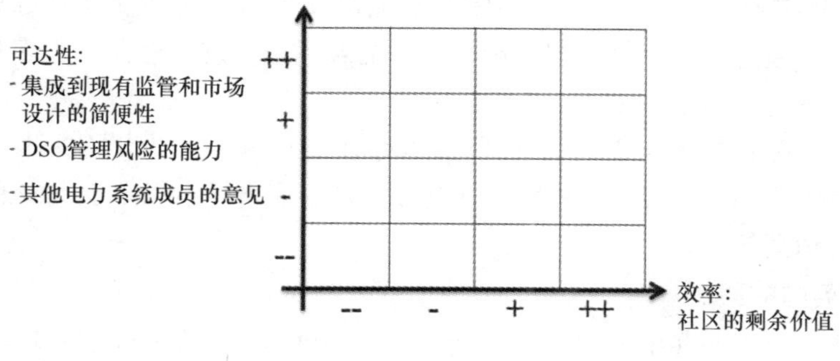

图 5.2 DSO 柔性的矩阵分析

这种矩阵分析法的关键是通过“Merit Order”（优先顺序）进行建模。

5.1.6 优先顺序的分析

该模型是通过效率标准进行定量分析的核心，它让人们可以计算社区所创造的或剩余的价值。

优先顺序是一种显示经济价值降序需求的方案图。横坐标表示每种能源的电势（GW），纵坐标表示其成本（每年欧元/kW）。优先顺序是一种阶梯式上升曲线（每一个阶梯都代表一种能源）。

对于给定限价的系统柔性，当其成本小于 DSO 柔性值时，能源将保持有效性。社区价值创造，也等于优先顺序阶跃函数和系统柔性值之间的区域。

5.1.7 DSO 和 TSO 之间的信息交互机制

根据 EDSO，匹配系统柔性服务和 DSO 需求需要有明确的采购机制。一个显而易见的监管前提是允许 DSO 使用这些服务。TSO 和 DSO 之间需要进行高效、安全的信息交互。协调市场主体也将是柔性的一个至关重要的方面。

只有在一些信息交互到位后才能进行协调：DSO 必须从所有连接到其电网的用户收集信息，并将必要的数据以汇总的方式传输至 TSO。

5.1.8 一些国际商业案例的经验教训

本书确定了 DSO 柔性管理的创新方案，对 3 个地区进行了研究：德国、英国和美国（PJM[⊖]，纽约 ISO）。

配电网可用的柔性限价还欠发达，少量集成于均衡板中的运行和柔性程序中（输电网）。少数 DSO 在这方面拥有了较为成熟的技术。

5.1.8.1 德国的案例

本地市场（试验）—施瓦本供电公司（Energieversorgung Weser - Ems AG，EWE）（公用事业 y/c DSO）：EWE 建立本地市场系统，允许发电机对其本地电网进行限价，通过与前一尺每小时和每刻钟的合约来实现。然而，大多数事务最终是由国际参与者作出决策。

自动消耗率：德国在 2012 年以前一直存在自动消耗。“市场一体化”机制取代了通常的比率：超过 10kW 的发电机必须要么在市场上以至少 10% 的发电转售，要么自动消耗。

5.1.8.2 英国的案例

合同化—英国西北电力公司（Electricity North West，ENWL）（DSO）：ENWL 确认在约束条件下需投资的两个 13MVA 一次变电站（附加的冷却装置和 23MVA 变压器容量）。在这两个变电站建立调峰程序（通过 EnerNOC 公司）以减少每年 30 h 的 2～5MW 负荷，持续 5 年。这个案例的经验之一是，在本合同背景下的酬劳不足以建立调峰储备。

⊖ 在新泽西、宾夕法尼亚、俄亥俄、弗吉尼亚、西弗吉尼亚、马里兰、特拉华和部分威斯康星、伊利诺伊、密歇根、肯塔基、田纳西和北卡罗来纳，PJM 是一个 ISO。Columbia 区域也覆盖了 PJM。

5.1.8.3 美国的案例

合同化—PJM（美国）/爱迪生公司（Commonwealth Edison，ComEd）、（公共 y/c DSO）：ComEd 开发了调峰程序以响应两种需求：控制峰值和延缓确定一次变电站的投资。ComEd 可以激活本地调峰，直至馈线（400A，12kV）。ComEd 超过 1MW（每小时比率）的消费者提供非常灵活的合同，为规模最大的用户提供集成柔性的合同。ComEd（也是供应商）可以为使用不同供应商的用户制定这些合同。

合同化—纽约（美国）/ ComEd（公共 y/ c DSO）：comEd 在 60～250MW 将电网分成 70 个负荷块，它可以通过负荷管理资源的请求，在紧急事件中降低负荷，并在高温天气限制峰值，以延缓对一次变电站的投资（高达 300M 美元）。

5.2 终端用户参与柔性服务

5.2.1 简介

从技术上讲，DSO 使用的柔性可能涉及可调度式发电，以响应消耗和无功功率调节。根据 EDSO 分析，潜在的服务供应商是可以修改其输入/消耗模式的活跃用户：小型工业和商业用户、聚合家庭用户和分布式能源（DER）。

小型工业和商业用户

小型工业和商业用户不论是在聚合器的保护下还是独立的情况下都可以给 DSO 提供服务。中小企业（SME）中使用电力密集型的机器，有一系列的电动汽车或使用电力进行热量控制，例如空调器、热水器、锅炉、冷冻机或制冷器，由于具有热惯性，所以特别受大众欢迎。

家庭用户

家庭用户是电网运营商柔性的重要用户源。因为个别用户对系统的影响较弱，所以基本不可能提供系统柔性服务，但家庭用户可通过其供应商或聚合器促进柔性池的建立。如果将一些家用电器进行池化，那将有可能对电网管理产生影响：电动汽车、热泵、电加热和空调设备是提供柔性的一些例证。

分布式能源（DER）

许多不同的 DER 可以用来提供柔性。一些研究项目，如 REservices 或 ImprogRES，已显示出了光伏和风能的潜能，但其他技术，如热电联产，可能是一个值得开发的资源。大型 DER 单元，如独立房屋的太阳电池板必须由一个聚合器来提供服务。

DER 可控性和预测将是充分利用其柔性潜力的关键。如果可变能量预测方法在大区域内非常可靠，那么现在这些技术将缺少必要的精度对前一天到当天时间段内的局部能量模式进行预测。配电管理系统需要新的智能预测或其他应急工具。

调峰的不同应用如图 5.3 所示。

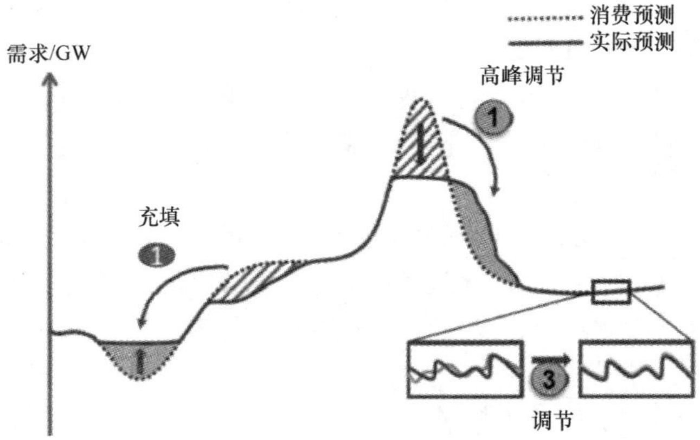

图 5.3 调峰的不同应用（来源：Commission de Regulation de l'Energie, Smart Grid Paris 2014 presentation）

5.2.2 智能电表的各种下行工具及服务

智能电表允许将配电相关的服务提升到其他领域普遍应用的同样水平：银行、电信等。电力市场参与者将能够使其与用户的关系更数字化。

5.2.2.1 消耗数据相关的服务

为了更易获取详细的消费数据，供应商可给其用户提供一系列的信息服务，包括过去 24 个月的每月历史消费，本期消费是以二氧化碳（CO_2）的 kg 为单位，以所达到的最大负荷等为收费标准。用户将从更频繁的信息、警报和个性化建议中受益。

有了以上这些信息，用户将可以更好地控制自己的消费情况，并且能够在适当的时候改变他们的消费习惯（例如法国的 Watt & Mio 项目，见图 5.4）。

5.2.2.2 法国——定价案例

智能电表使人们每天可以记录 10 个定价区间内的日常消费。对于每个定价区间，智能电表都允许联合服务控制使用，如热水箱的再注水或电动汽车的再充电。

供应商能够提供用户可接受限制范围内的创新定价服务，例如，电费鼓励用户进行以下活动：

—在高峰期之外用电（如 Eco，18 ~ 20h）；

—夜间对电动汽车进行充电（或者在价格优惠时）；

—在太阳能光伏发电高于消费（或与有效风能同步）的地区，为晴间多云

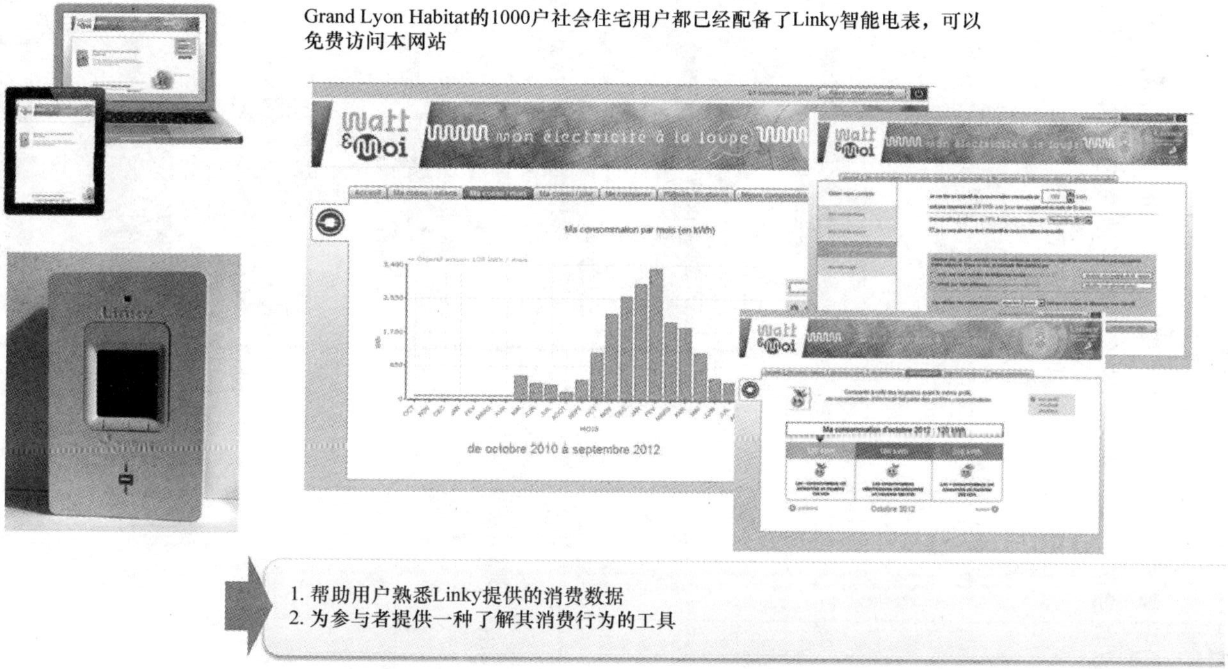

图 5.4 法国 Watt & Mio 项目示例（来源：www. erdf. fr/medias/dossiers_ pRESe/DP_ ERDF_ 15032013. pdf ）

时间段内的热水箱进行再注水。

5.2.2.3　调峰服务

智能电表可以进行两种类型的调峰服务：

—使用价格激励进行调节，移动第1天的峰值日历；

—使用管理的调节（见图5.5）。如果接收设备有恰当的传感器来接收并分析信号，那么可以直接运行负荷管理，要么就间接地通过一个能源管理设备来运行。

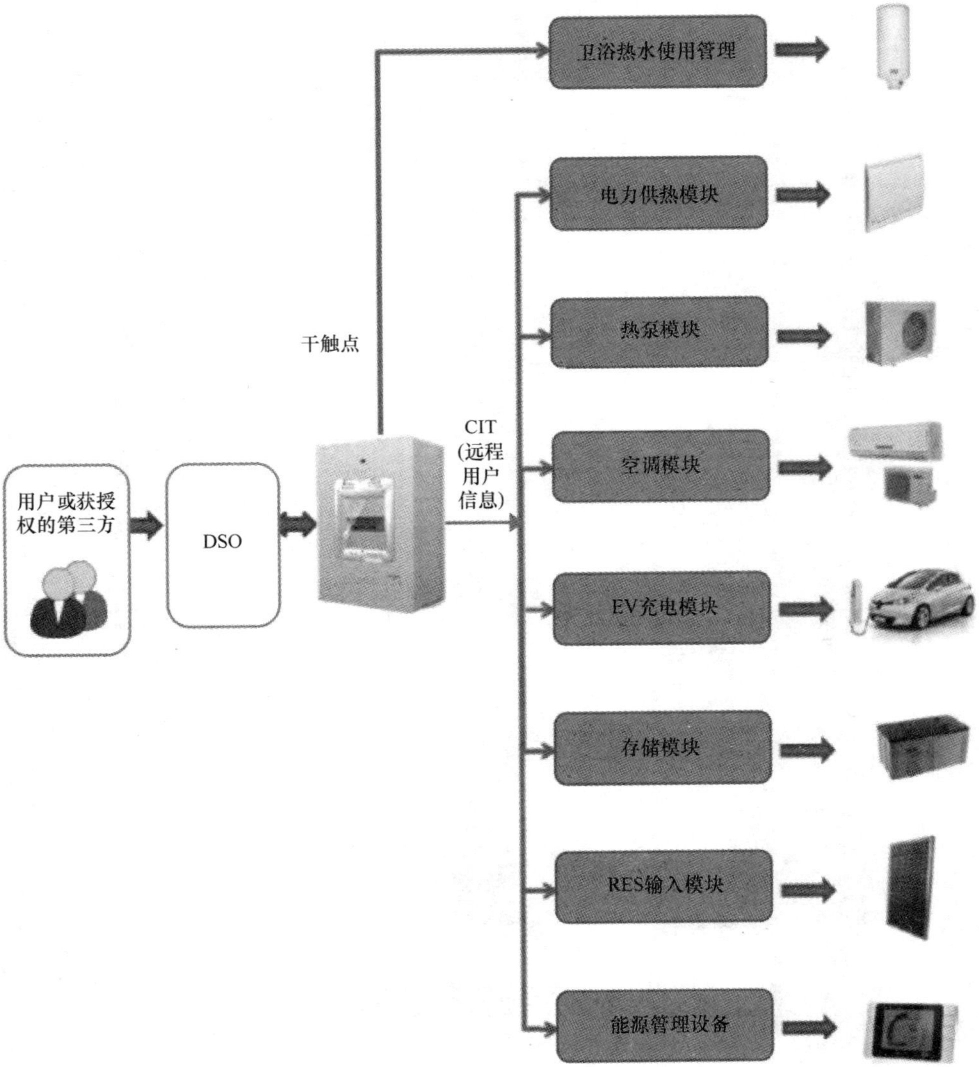

图5.5　智能电表的使用管理示例（来源：文献［CRE 14c］）

电能表的下行设备也可以提供调峰服务。例如，通过一个能源管理设备或专用盒来实现。

5.2.2.4 “双向市场”服务

利用消费数据提出用户同意并有利于其他经济参与者的“新”服务。

“双向市场”的经济模式是学术研究和数学建模的主题㊀。它是基于为若干公司提供不同的功能或服务以及凸显积极外部效应来实现的。

为参与各方之一提供服务是由另一方提供限价使用或性能数据的一个契机。该模型以信用卡支付平台为特色，该支付平台的特定方式也是建立性能数据源的机会，这对于追求商业化产品的市场参与者是很有价值的。在这个模型中，如果希望在与第三方的互动中盈利，市场参与者可以为第三方的利益提供服务。同样，如果其发电数据对于其他参与者有足够的价值，可以通过一个中介平台将服务完全提供给参与者。

首个这样的服务由保险公司、太阳电池板维护公司甚至电信运营商等参与者引进。他们解决了终端用户的当务之急：如果用户不在，选择中断用户家里的电力，允许用户安装太阳电池板进行监控，或在非对称数字用户线路（ADSL）中断期间由电信运营商实施突发事件管理通知。

这些服务的范围将随着智能家居/智能建筑的到来而被进一步开发，包括如下示例：

—远程热诊断的前提；

—设备的检修和预防性维护；

—根据设备调整保险费；

—基于实测动态的预防措施。

5.2.3 终端用户的必要参与

需求侧柔性是基于假设消费者愿意参与需求响应活动的。参与的消费者需要激励机制和技术，并且发挥和传递全部优势对于需求侧柔性是至关重要的：

—消费者几乎没有控制权的初级被动式技术：没有通知或咨询用户并且不允许用户选择进入或退出（如甩负荷和降压）的情况下有效地应用解决方案；

—对于更加主动式的技术，消费者可以依靠实际经验来确定他们将参与的项目，并且决定其参与的程度：消费者可以在任何时候选择进入或退出（如分时电价和实际控制恒温器）。

世界各地的一些示例都致力于用户互动问题的研究。根据国际智能电网行动网络（ISGAN㊁）在其最新的案例中关于需求侧管理（DSM）的内容，用户愿意

㊀ 见文献［ROC 02］。

㊁ 2010年第一届CEM，启动ISGAN并创建多边合作协议支持智能电网技术和系统的发展。

接受改变他们的习惯，但不能容忍服务的降级。在多数情况下，与公众的交流往往也集中于社会价值观和环境因素，而非参与项目的个体经济利益。

通过参与需求响应演示，从一开始就需要对消费者作出担保，他们既不会赔钱也不用担心供电质量。一旦参与者对一些新服务有了体验，若参与者感受到服务的种种改善，他/她一定会续约。

在长期研究和示范项目中，管理用户期望是最重要的。住宅和商业用户规避风险，并需要简单易懂的产品和服务（即插即用）。

此外，为了应对用户担心关于数据隐私泄露的问题，需明确所有权的规定，对其数据进行保护并共享到他们所参与的项目中。

5.2.4 国际基准和经验教训

为了解决国家之间的不同成熟度等级，有许多协调多个国家的方案推动DSM研究。

欧洲著名的方案之一是EU EP7 - funded旺盛需求价值和消费者体验发现(ADVANCED⊖）项目，该项目于2012年发起，目的是为了更好地研究行为障碍并从用户的角度出发，以最优方法填补旺盛需求（AD）设计的空白。特别是，一个促进住宅、商业以及工业用户参与AD的框架，并将根据不同的情景量化关键利益相关者的影响和利益。一些国家正在进行中的试点项目得到的实际数据——西班牙和法国的ADDRES试点、德国的E - DeMa和意大利的Enel Info +——将与从100多个欧洲AD项目中来自涉及约450000住宅消费者的VaasaETT数据库所收集的数据一起使用。ADVANCED项目包括欧盟（EU）能源公用事业公司、大学、研究中心和能源行业的咨询公司、市场研究机构以及欧洲的第一个聚合器。

通过国家合作的其他全球计划正在冉冉升起。这不仅包括来自欧洲的案例，而且也包括其他国家的案例，如美国和亚洲。国际能源署（IEA）ISGAN是这些案例中的一个示例，对此进行知识共享以解决以下问题：

—地址标准化和互操作性，以改进商业案例并保证已实现解决方案的扩散；

—开展DSM参与者/ DSO /其他人员之间的合作并且提供适当的服务［如负荷和聚合器之间以及聚合器、虚拟发电厂（VPP）和系统运营商之间的连续式通信］。

最新的关于DSM的ISGAN案例指出，仍需要克服一些障碍。事实上，世界各地的市场计划仍然是“不成熟的”。

后面将对4个案例进行总结（见图5.6，详见6.3节）。

⊖ www. advancedfp 7. eu。

案例	DSM 特点	经验教训
荷兰——功率匹配城市	—智能设备自动化（微型 CHP、热泵、电动汽车等） —动态定价 —VPP	—实现智能电网的现有技术 —可以通过耦合柔性集群实现由 DER 所致的不平衡成本的显著降低（40% ~60%） —需设计电气设备，包括各种家用电器
日本——Kitakyushu 智能社区创建项目	—动态定价 —激励机制 —能源管理系统	—动态定价系统需要对实际供求平衡运行进行审核 —用户对频率、时间区和向消费者发送通知/请求的方式较为敏感 —价格越高，对调峰的影响越大
加拿大——平衡风能的 VPP	—VPP —能源管理系统 —聚合器	—信息交流对项目的环境效益是有效的 —用户对公用事业的新型关系较敏感（如合资品牌）
丹麦——EcoGrid EU：实时市场研究验证	—动态定价 —用户响应 —自动化	—用户对智能设备方面较敏感 —信息交流对项目的社会价值是有效的 —有关当地居民教育的能源供给问题是智能电网部署成功的关键

图 5.6 ISGAN 案例汇编中关于 DSM 的几个案例

5.3 数据管理是成功的关键因素

5.3.1 DSO 拥有丰富的数据管理经验

DSO 拥有丰富的数据管理、收集、验证、管理和提供数据的经验，以便有效地管理自己的活动，并支持市场活动。

DSO 向消费者、市场参与者和公共设施提供多种用途的大量数据：消费账单（DSO 的计量活动）、能源市场的结算流程、TSO 的能源预测、地方当局和支持 DSO 的过程（如计划、连接和访问、运行）：

—计量点管理：DSO 管理所有电能表（计量点）的数据库。该数据库包含到每一个物理地址的电力供电信息。数据库中的一个重要信息是计量点基准数。

—供应商切换：所有必要的信息在新旧供应商以及 DSO 之间进行数据交换，后者作为中性接口，对切换进行检查和验证。

—消费者计量数据计费和用户认知目标：DSO 通过向用户认知和市场利益相关者提供信息，以促进鲁棒性更好、高效、兼容、透明的电力市场的建立。他们存储并且提供消费者计量数据。

—配置和调节：能源市场开放后，DSO 具有支持配置和调节过程中复杂数据的聚合和推断职责。因此，DSO 已经在收集数据、聚合和生产状况建模以及消费模式方面开发出强大的功能。

—结算：智能计量的准确性和实时性可以显著改善结算质量，进而促进能源的创新和高效利用。

此类活动是在成本效益原则的监管和指导下进行的，基于完善的流程和市场交易，并且利用最佳可用信息和通信技术（ICT），从参考供应商和服务提供商中获得解决方案。

DSO 已开发出多种技术并且管理供应商边界的专有技术，可以处理管理柔性边界的活动并确保兼容性的访问。事实上，金融流动和交易结果是基于这些边界的。同时，DSO 必须找到这些功能分布，以保证配电网的安全性。

5.3.2 DSO 是市场的推动者

增加数据流意味着更多利用数据的机会，需要开发新的和柔性的技术解决方案，以处理这一问题的数据流，同时保证数据的安全和消费者的隐私[⊖]。

市场所涉及的性能和柔性将需要对计量数据进行进一步处理。例如，在特定的需求响应和能量缺乏的情况下，要根据定义进行测量。只能通过对比在准确时间内被消耗的能量总量来估计，如果不采取行动将会触发基线和物理消费负荷曲线。

EDSO 指出，DSO 在市场管理和提供数据中可以发挥关键作用，尤其是在边界处理和新市场机制结算中。DSO 参与有利于各方的结算阶段和边界处理过程。DSO 在系统内的位置保证了系统的可靠性和市场的公平性。在过去的 10 年中，DSO 已经证明了实现这些目标的能力。

5.3.2.1 市场推动者

在不久的将来，从根本上来说，DSO 在数据管理方面的基础性作用和职责将与今天是一样的：DSO 作为市场推动者，以兼容和透明的方式允许访问和连接，

⊖ 每 10min 测量一千万个用户，每天总共有 15 亿只电能表在工作。考虑每读 400 octet 的比率，日常所管理的数据量大约是 580 Goctet。

并兼顾供电安全和服务质量。但随着技术和电网用户的快速发展，DSO 的角色和职责也应适应其发展的速度。

DSO 已经具备了管理数据的专业技术：根据适用规则，每个 DSO 将决定使用哪种技术，如何传输数据以及 IT 公司在该项工作中如何进行支持。

DSO 是执行高效和兼容数据处理最适合的竞争者，以强化市场功能和消费者的参与。

第 6 章　试点项目及应用案例

6.1　全球动态区域差异性

前面的内容介绍了配电网的风险以及集成高级功能对于间歇性可再生能源、电动汽车（EV）和充电站使用、更柔性的服务需求管理等的必要性。

大多数这些高级功能不存在工业等级。在继续进行广泛调度这些功能之前，进行一段时间的实际生活条件下的实验对于分析和选择能够给电力系统的所有参与者提供最大价值的解决方案是必要的。需要研究以下方面：

—技术可行性：一方面，确保各种不同技术解决方案为配电系统运营商（DSO）提供所期望的答案，另一方面，开发各领域（电气工程、IT、电信…）行为模块之间的互操作性；

—经济模型：分析智能电网功能的实现成本，识别并量化产业价值链所有参与者的效益，最终确定可能的业务模型和广义部署的金融投资能力；

—适当的监管：确保角色的演变和价值链参与者的责任不存在电气系统的安全风险，确定融资模式（和资本收益水平），允许 DSO 提供部署高级技术解决方案的风险（其风险比部署鲁棒性更好的硬件和设备要高，如电缆、变压器等）；

—可复制性：评估方案的容量并设计适应不同技术和监管的环境，并最终形成“标准化”（或者至少他们被一些 DSO 或一些国家采纳），通过更重要的规模效应来降低成本；

—用户可接受性：包括消费者需求管理和柔性激活实验；读懂动机并分析其吸收消费相关的各种服务和消费转变或减少需求机制；预估大规模有效调动（在时间和空间，保证所需的响应级别）柔性的能力，从几百到几千用户。

世界各地正在进行的多个智能电网演示项目见表 6.1。

表 6.1　世界各地正在进行的多个智能电网演示项目

主要措施	北美（DEO）	欧洲（JRC）	亚洲（不同来源）
项目数量	> 100	459	> 350
累计预算/美元	80 亿	32 亿	> 100 亿

然而，各种各样的环境因素致使这些地区都使用自身的实验方法，致力于特定技术方案的研究：

—发展中国家正面临着电力消耗的强劲增长，并正经历着发电、输电和配电设施快速发展的阶段；

—北美和欧洲国家基础设施老化，需要更新，同时要符合低碳排放和节能的发展要求；

—某些亚洲国家（日本、韩国等）寻求减少能源对化石燃料的依赖，以及大大减少温室气体的排放量。

大多数这些示例者的共同点是 DSO 所扮演的角色：支持 R&D 的投资，确保行为模块的标准化和集成化，并鼓励参与各方之间的合作。

6.2　北美

6.2.1　智能电网发展的驱动力

北美的主要目标是创建一个更高效的电力系统：更快地检测事件，旧设备的现代化，减少欺诈并逐步淘汰人工抄表。

智能电网发展的主要动因是 2003 年 8 月在美国东北部的大断电。这个事件导致了 5500 万人的断电和 60 亿美元的经济损失，人们发现老化的设施和电网中大规模事件的不恰当管理是其原因。2004 年工作小组建议，部署新技术，使电网基础设施实现现代化，并提高可靠性。

整合这些建议需要巨大的必要投资，同时超过 3000 种设施的存在进一步打击了其发展动力。据 EPRI 的估计，美国电网完整过渡到智能电网的成本将在超过 20 年的时间里耗费 4760 亿美元。第一笔投资的重要动因是 2009 年的《美国复苏与再投资法案》（ARRA），专门为智能电网的 R&D 分配了 45 亿美元的预算。

RES 的发展是另一个推动智能电网发展的动力，特别是可再生能源配制标准（RSP）的创建，在美国的 29 个州中，RES 发电（MWh）具有最小百分比或最小接入载荷（MW）。

在加拿大，智能电网发展的主要驱动力是项目的发展，与需求管理和柔性的激活有关，提高能源可靠性和效率。

6.2.2　主要实验方法

在美国，智能电网行动由美国能源部支持并由两个主要项目组成（见图 6.1）：

—配电网和输电网的投资补助项目（智能电网投资补助金 - SGIG），有 99 个项目，总预算为 80 亿美元，其中 34 亿美元由联邦政府资助。2014 年 5 月底，在 SGIG[㊀] 配电网部署了价值 18 亿美元的设备和软件。

㊀ 来源：http：//www.smartgrid.gov/recovery_act/deployyment_status/distribution。

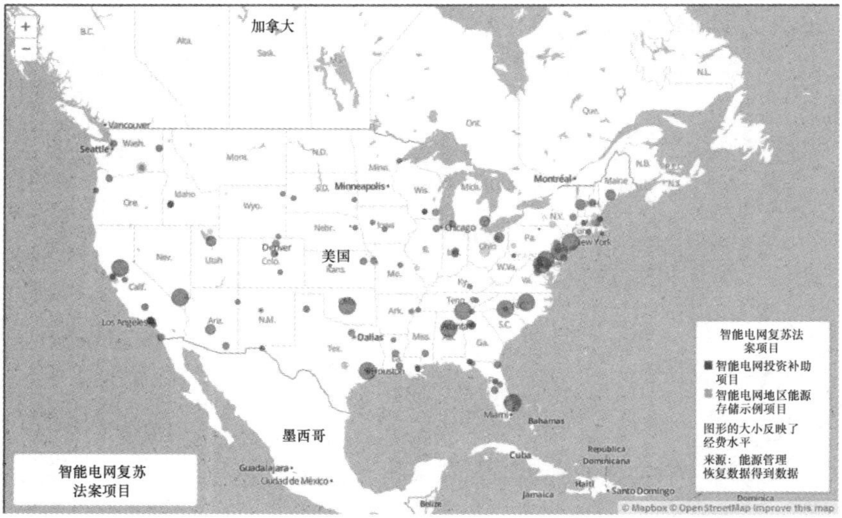

图 6.1　参与复苏法案的智能电网项目图㊀（彩色版本图见 www. iste. co. uk/boillot/smartgrids. zip）

演示项目将测试创新的概念和技术。考虑两类演示项目："区域性的"——演示项目（传感器、电网、故障检测和能量流管理）和致力于储能的项目（电池、压缩空气、飞轮）。DOE 挑选了 32 个项目，预算总额为 16 亿美元，其中 6 亿美元由联邦政府资助。

6.3　亚洲

6.3.1　智能电网发展的驱动力

亚洲是经济持续发展国家与更成熟的经济体制国家的组合，这为智能电网的发展提供了一个双重机会：一方面，随着基础设施的发展消费强劲增长；另一方面，向绿色经济的过渡提高了可再生能源发电的比例，并降低了对化石能源的依赖。

3 个亚洲地区的国家阐明了发展智能电网的风险：

1）日本。2011 年福岛核电站事故是提高相关能源效率和加速智能电表部署的催化剂。此外，日本的主要目标是在减少二氧化碳排放和促进 RES 发展的方面取得成功。为超过 500 万座房屋配备太阳能光伏（PV）面板，从而在 2020 年达到 28 GW 的容量㊁，这是一项非常巨大的项目。

㊀ 来源：美国能源部：http：//www. energy. gov/maps/recovery – act – smart – grid – projects。

㊁ 来源：NEDO – 日本"智能社区"介绍。

2）韩国。也确定了一个宏伟计划，提高 RES 在混合能源中的比例，在 2030 年达到 11% 的目标，而不是 2009 年的 2%㊀。因此，工业部门持续增长的电力需求（每年大约增长 5%，增长总量大于 50%）是发展智能电网基础设施和技术的一个重要因素。

3）中国。中国经济的快速发展和人口的生活水平构成了新基础设施和智能电网技术发展的主要驱动力：输电网和配电网的发展、RES 的整合、电动汽车的发展、都市化和智能城市的出现。由中国国家电网公司（SGCC）预算在电网中的投资是每年 400 亿美元，其中 10% ~15% 投资于智能电网技术和设备的发展㊁。

6.3.2 主要实验方法

中国和韩国将使实验方法更加全球化，计划在未来 15 ~20 年从试点项目转入工业部署。这些方法由垄断的公共机构和公共电力企业以强劲的动力进行推动，并覆盖整个价值链。

因此，SGCC（88% 的范围，服务 10 亿人）实行三步计划，在一定程度上符合中国政府的“十二五规划”：

—准备（2009 ~2010 年）：细化行动方案和启动 R&D 项目；

—建设（2010 ~2015 年）：开展试点项目，微调高级技术以及技术和硬件的投资；

—完善（2016 ~2020 年）：技术巩固和基础设施的统一建立了“智能电网”。

投资的水平为中国的规模。因此，SGCC 预测全球在智能电网上投资的 1000 亿美元分 3 个阶段㊂，其中 92 亿美元用于 2009 ~2010 年阶段。到 2015 年，在 26 个省份实施 298 个演示项目。到 2015 年年底，部署 3 亿块智能电表。

韩国电力公司——KEPCO（ > 90% 用户）——参与韩国知识经济部制定的智能电网行动计划，尤其是负责能源领域：

—大规模试点（2010 ~2012 年）：实施和运行试点智能电网以测试新技术；

—扩展实验（2012 ~2020 年）：扩展都市地区的试点并实现用户住宅的智能解决方案；

—大规模部署（2021 ~2030 年）：在全国范围内建立智能电网。

在这种背景下，到 2030 年 KEPCO 预算投资 72 亿美元㊃，其中 4 亿美元用于第一阶段，8 亿美元用于第二阶段。主要的实验措施集中于 Juju 岛（大约

㊀ 韩国智能电网协会（KSGI）：韩国的 2030 年智能电网蓝图。

㊁ Zpyme Research & Consulting，LLC - Smart Grid Insight：SGCC Profile - 2012 年 3 月。

㊂ Zpyme Research & Consulting，LLC - Smart Grid Insight China。

㊃ Reuters http：//www. reuters. com/article/2011/02/18/kepco - korea - idAFTO E71H00R20110218。

6000户家庭），围绕于5个主题（智能用电管家、智能交通、智能可再生、智能电网、智能供电服务），动员了18家企业联合并且实现了总计171家企业的重组。

日本经历2011年的地震后，核电站无法工作，为基础设施的复原能力带来了重大挑战，需开发一种用于灾难的能源（见图6.2）。这四项重大计划[㊀]都把注意力集中于自己的目标：

—横滨市：在建筑物和社区范围内引入能源管理系统（4000户居民）；

—丰田市：增加新住宅建筑的能源自足和“需求响应”计划；

—京阪奈科学域：提高当前居民数（700户居民）；

—北九州市：私有网络的动态定价和管理。

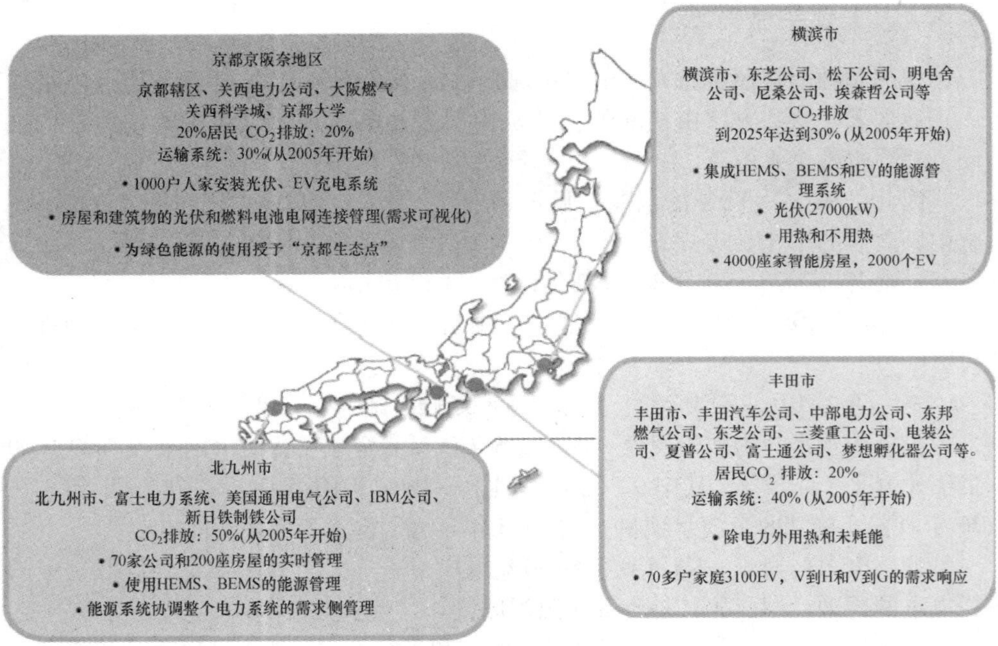

图6.2　日本“智能社区”简介。来源：新能源产业技术综合开发机构（NEDO）

6.4　欧洲

6.4.1　智能电网发展的驱动力

智能电网发展的主要动力是动态的供电安全性、减少温室气体排放、提高能

㊀ 自2011年以来，经济产业省（METI）为8个小型类似主题的科技示例提供经费（需求响应－三重大学校园、长崎停车场的能源管理等）。

源效率。

自 2008 年以来，欧盟一直致力于“3 × 20”气候计划建立的目标：到 2020 年，温室气体排放减少到 20%，将 RES 在能源消费中的比例提高到 20%。这项计划以显著的欧洲能源结构的进化为特点，实现从化石能源发电到大规模开发间歇性 RES（风能和太阳能）的转变，见表 6.2，如图 6.3 所示。

表 6.2　欧洲 RES 的装机容量和目标容量（来源：欧盟委员会—能源基础设施，EurObserv’ER 和 Eurostat barometers）

RES 类型 \ 装机容量/GW	2008 年	期限	2020 年
风能	65	2012 年年底达到 105	201
太阳能	10	2013 年年底达到 78	90

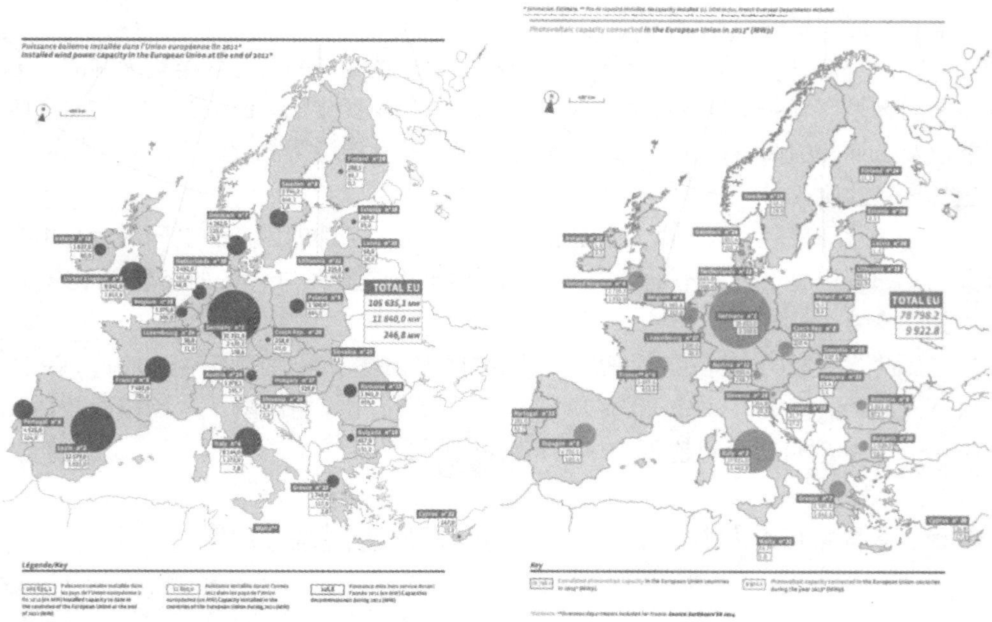

图 6.3　欧洲的太阳能和风能应用（来源：EurObserv’ ER 2013 and 2014 barometers - http：//www. energies - renouveables. org）。彩色图片见 www. iste. co. uk/boilt/smartgrids. zip

这两种能源以重要的日常和季节性变化为特征。将这些能源应用于电网必须要具备新的智能电网技术，以维持发电和消耗之间的永久平衡。

2014 年 1 月，欧盟委员会发表了一份提议，支持 2030 年的能源气候政策，特别是 RES 在最终能源消耗中的比例至少达到 27% 的目标。

智能电网发展的第二个动力源于第三能源方案，此方案于 2009 年被采用，并且确立了目标：到 2020 年，为至少 80% 的消费者家庭实现智能电表的部署。

最后，欧盟国家之间的互连发展和老化基础设施的更新构成智能电网发展的第三个重要动力因素。

6.4.2 主要实验方法

欧盟成员国中有许多智能电网演示项目。根据联合研究中心（JRC）2014年5月的年度报告（联合研究中心智能电网项目展望2014[㊀]），自2002年以来推出了459个项目，并且占据了31.5亿欧元的投资。最活跃的国家是法国、英国、德国、西班牙和意大利，它们占据了超过60%的总投资。DSO是这些项目中投资最多的参与者。

所有这些项目可分为两类：每个国家的核心代表项目和跨国项目。它们涵盖了智能电网的各种问题，集中围绕6个议题：智能电网运行（首要议题）、电能表下游的解决方案、柔性的聚合（消费和发电）、EV充电基础设施的整合、RES发电和智能测量的整合。

第一个信息反馈表明，其主要障碍不一定是技术上的。有两类重大挑战：第一个问题是监管环境以及许多国家存在的角色和职责分配之间的流程、成本和收益以及最终新的商业模式的共享；第二个问题是欧洲消费需求的下降和不同测试运行环境的协议。

对于欧洲来说，为这些实验方法筹资是一个决定性的因素。电网的运行由多数规则和投资决策进行管理，这些决策与国家监管机构定义的定价结构密切相关。

因此，欧盟的支持在启动智能电网项目中发挥了很大的作用，如FP7支持项目（500亿欧元，其中23亿欧元用于能源研究），在2007～2013年创立，Horizon2020项目很快超越2014～2020年的项目。

6.5 欧洲Grid4EU计划，促进并加速经验共享

6.5.1 大型示范项目汇集六大欧洲DSO

欧盟委员会发起FP7项目，Grid4EU计划由欧洲区域发展基金（ERDF）协调，联合六大欧洲电力DSO，为未来电网的发展做准备，如图6.4所示。

EC设定的目标：

—开发和测试创新技术；

—评估新实验技术的可扩展性；

—保证欧洲不同环境下解决方案之间的兼容性；

㊀ http://ses.jrc.ec.europa.eu/sites/ses.jrc.ec.europa.eu/files/u24/2014/report/ld - na - 206609 - en - n _ smart _ grid _ projects _ outlook _ 2014 _ - _ online.pdf。

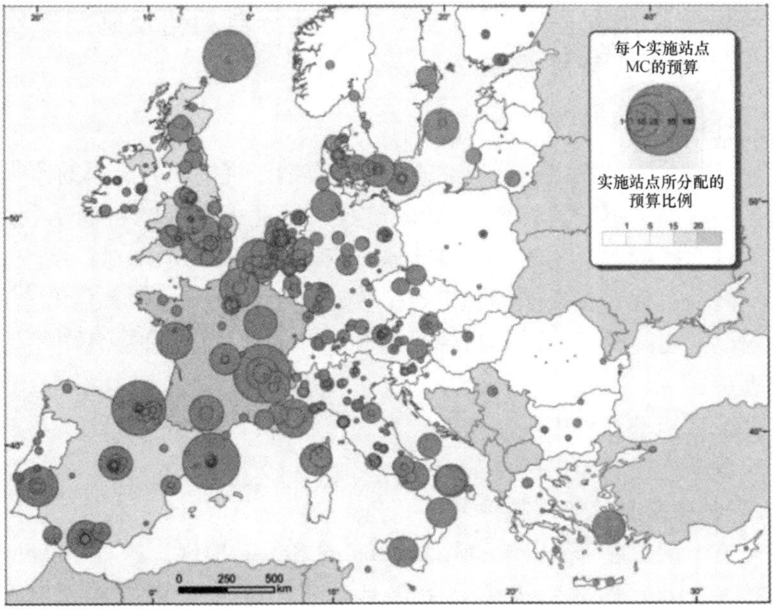

图 6.4 2014 年 JRC 确认的智能电网项目。
彩色版本图见 www. iste. co. uk/boillot/smartgrids. zip

—通过示例制定标准；

——分析智能电网的成本与效益（商业案例）。

6 个补充示例

该项目包括在不同欧洲国家建立的 6 个示例中：

——地点：Reken（德国）、Uppsala（瑞典）、Castellon（西班牙）、Forli - Cesena（意大利）、Vrchlabi（捷克共和国）、Carros（法国）；

——总预算：5400 万欧元（欧盟委员会提供 2500 万欧元）。

该项目提出了很多关于智能电网的主题：消费管理方案、储能、局部孤岛现象、监督功能、中压（MV）和低压（LV）电网的运行、控制能源消耗峰值管理计划等。

支持经验共享和竞争能力的协调

该项目的核心目标是保证不同示例之间的协调。因此，这个项目有利于区分不同项目方法的效率，具体为横向研究活动和不同 DSO 参与活动之间的成果共享，尤其是基于“商业用例”的方法。

GRID4EU 也利用其他工业和科学合作伙伴的优势，该项目使来自 12 个欧盟国家的约 30 个合作伙伴结成同盟。

6.5.2 示例1（德国—RWE）MV电网运行自动化及确定二次变电站中的分布式智能比率

6.5.2.1 项目描述

效率与有效RES的渗透率有关，RWE则有助于提高MV电网的监视和运行。

目前，RWE还没有控制MV电网的工具。因此，他们的目标是利用集中式和分布式运行之间的耦合实现一个基于本地自动化的MV电网运行系统。

这个示例项目旨在在电网的关键点上安装本地自动化操作，能够实现自己和电网中不同设备之间的通信。其目标是从收集到的数据中获取MV电网的状态并做出本地决策。

本地决策将传送至集中控制中心，在那里将进行电网的全球监测，并且可以干预由远程自动化控制做出的决策。

6.5.2.2 背景和核心价值的特性

示例1位于德国北部Rhine - Westphalia的Reken地区。选择Reken（145个二次变电站，120km的MV线缆）主要是由于丰富的太阳能光伏和风力发电（已供电32.3 MW）以及发电容量与最大电网负载（为14000个用户供电25.2 MVA）之间接近平衡。

6.5.2.3 具体目标

—测试高级MV电网操作功能；

—获得清晰的实时电网状态图片；

—允许本地自动化操作以优化本地电网的拓扑。

6.5.2.4 示例的测试用例

实现MV电网的分布式自动化操作系统：当负荷流量不是最优时，会修改操作方案进行再优化并降低损耗。

MV故障管理：收集警报，传送给监控和数据采集（SCADA）中心，并自动恢复操作以恢复最多的用户数。

MV电网的监测和远程控制：实时的电网状态和负荷、位置、设备状况和运行状态、电网中自动化操作的传输报告，必要时可禁用自动化操作。

6.5.3 示例2（瑞典—Vattenfal）：一种LV运行工具，可识别LV故障

6.5.3.1 项目描述

这个实验旨在研究基于高级计量基础设施（AMI）或LV电力线通信设施（LV - PLC）实现电网服务。

这是一个从位于二次变电站的智能电表和RTU收集信息以实现一个LV电网

监管工具的过程。

6.5.3.2 背景特性

Vattenfal 示例项目位于 Stockholm 北部 50 km 的 Uppsala 镇。该区域呈现出一种农村和城市电网共存的特殊性。示例项目使用超过 145 个公共配电（PD）变电站为大约 15000 名用户提供服务。这里已完成了智能电表的部署，而且 AMI 系统已经运行了好几年。

6.5.3.3 具体目标

检测 LV 电网的电力中断，收集断电信息，传送至运营商，计算本地和全国的停电持续时间，并通知用户。

提高后期的供电质量，包括：

—收集 LV 馈线上的数据：电压值水平、有功和无功功率、每小时的峰值、负荷曲线、变压器警报（过载、温度等）；

—收集用户数据：电压水平、有功和无功功率、每小时的峰值、负荷曲线。

6.5.4 示例 3（西班牙—Iberdrola）MV 和 LV 故障检测，发生事故时可重新配置 MV 电网

6.5.4.1 项目描述

西班牙的示例项目旨在定义最佳的技术基础设施，能够同时提高 LV 和 MV 电网的监管和供电质量。主要的开发涉及：

—二次变电站：在 RTU 的帮助下收集 MV 和 LV 数据，故障探测器，测量（电压、电流、功率、变压器温度等）数据以及电能表和集中器发布的数据。通过使用 MV 电力线通信（MV PLC）实现传感器和集中器之间的通信来传输所有收集的数据。

—信息系统：改进算法和数据收集进程，并实现 LV 监管工具。

6.5.4.2 背景特性

西班牙 Iberdrola 示例项目位于西班牙 Valence 地区的 Castellon（200000 人口），配有 20 个二次变电站和智能电表。

6.5.4.3 具体目标

—使用智能电表提供的信息以获得更完整的 LV 电网状态（LV 故障检测，电压和电压质量偏移）；

—用传感器/RTU 监控 LV 电网的配电变电站、评估过载、失衡等；

—通过比较每小时的配电变电站和用户的消费总曲线来评估损耗（技术和非技术）；

—利用具有适当恢复方案特性的 MV 故障检测系统加强电网运行，这将使大型用户快速恢复。

6.5.4.4 示例的测试用例

未来的二级变电站与 MV 和 LV 基础设施管理：LV 电网监管（故障检测、电压不足、中性点断裂、相位不平衡等）、MV 和 LV 过电压/欠电压检测、MV 断路器的远程控制、监测变压器、检测技术和非技术损耗。

自动断电检测：自动断电检测是通过分析来自不同设备的数据（变电站、线缆、电能表）实现的。

自动电网恢复：自动检测故障、警报、网络部门受到突发事件影响的动态标志、用户的自动恢复。

6.5.5 示例 4（意大利—ENEL）存储的经济模式和技术操作、MV 电压调整、分布式发电的反孤岛现象

6.5.5.1 项目描述

意大利示例项目的主要目的是提高 MV 电网的容量以整合分散式的发电方案，特别是太阳能光伏发电，利用连接到 MV 电网的发电机的主动式控制，控制 MV 电网的负荷和存储。

6.5.5.2 背景特性

这个示例项目位于意大利的 Forli－Cesena 省的 Emilia－Romagna 地区。这是一个 RES 高度集中的农村地区，特别是太阳能光伏（40MW，超过 500kW 的 24 台发电机连接到 MV 电网）和疲弱消费。

电网所参与的示例项目是由具有 20MV 馈线的 2 个一次变电站、160 个二次变电站和至少 5 台光伏发电机所组成的。

6.5.5.3 具体目标

需实现以下目标：

—实现 MV 电网的调压控制算法；

—若发生非计划性孤岛现象，需从电网层面管理 RES 的重新连接；

—测试使用存储对电网管理的优化作用（1MW/1Mh）。

6.5.5.4 示例的测试用例

—MV 电网的电压控制和监管：计算电压分布，并向 RES、变压器（带载分接开关）的存储和负荷监管机构发送适当的指令；

—MV 电网反孤岛效应保护：向 MV 馈线的所有 RES 发电机发警报，然后打开断路器，以便实现同步分离；

—MV 用户甩负荷：与用户达成协议，激活可中断的负荷装置（40MW，77 个活跃 MV 用户）。

6.5.6 示例 5（捷克共和国—CEZ）CHP 的运行孤岛现象、MV 和 LV 故障检测以及 MV 电网发生故障时的重新配置

6.5.6.1 项目描述

该示例项目是名为“智能地区”大型项目的一部分，位于捷克共和国 Vrchlabi 配电网的核心。

该项目拟实现：

—通过电信和智能电表基础设施以及用户的主动参与，在设备远程操作的帮助下，实现 MV 和 LV 电网自动化；

—通过确保在孤岛效应期间提供可接受的供电质量，实现孤岛效应区域的自动操化运行。

6.5.6.2 背景特性

该示例项目位于捷克共和国东北部的 Lisci Kopec 地区（半城市区域）Vrchlabi 镇（5000 用户，13km 的 MV 线路，65km 的 LV 线路，30 个二次变电站）。

6.5.6.3 具体目标

—提高 MV 和 LV 电网的故障检测并使自动化恢复操作方案的更改实现自动化，以减少 MV 和 LV 电网的断电时间，并在最短时间内实现众多用户的重新供电；

—通过智能电表的帮助保证局部平衡和充足的供电质量使热电联产（CHP）单元为本地的发电提供能量，以确保孤岛效应模式地区的运行。

6.5.6.4 示例的测试用例

MV 和 LV 电网自动故障管理：通过 SCADA 检测并隔离故障，实现交替的运行方案，维修后自动恢复到正常运行方案。

孤岛效应功能管理：研究部分网络的自动断开，同时通过 CHP 保持发电/消耗平衡。

6.5.7 示例 6（法国—ERDF）：NiceGrid 项目

6.5.7.1 项目描述

NiceGrid 测试方案在 Carros 的整个区域内通过优化发电、消费和存储，促进太阳能光伏发电在 LV 电网中的应用。

6.5.7.2 背景特性

该项目是 Carros 开发的，位于法国 Riviera Nice Metropolitan 的 Var 平原，在“Eco - Vallee”国家运行利益的区域内。

Alpes - Maritimes 部门位于输电网的末端，是供电相对较弱地区的 RES 的重

要来源，尤其是太阳能[㊀]。

6.5.7.3 具体目标

—开发和测试能量管理系统优化地区的发电/消耗平衡；

—确保引入大规模光伏发电时 LV 电网负荷的控制；

—为用户在管理其电力和测试消费者/发电厂的行为反应方面提供一个积极的角色；

—研究和测试实现电力不同等级分布式存储的技术经济利益（一次变电站，二次变电站和终端用户）；

—在受限电网区域进行孤岛效应试验。

6.5.7.4 示例的测试用例

优化光伏的局部平衡：LV 电网监管（消费和发电预测、模拟电网的状态、约束条件的检测、可用柔性方式之间的套利）、优化 MV 和 LV 电网运行、控制存储和 RES。

功率限制：控制用户的电力消耗（激活柔性和传输定价信号），验证第三方限制项目。

用户信息/DSM：管理电能表数据和传送消费信息。

6.6 基于“用例”的方法

6.6.1 定义

开发“用例”方法论是为了智能电网项目具有关于建立商业项目的描述功能和支持这些变化的 IT 功能。其目标是简化 IT 计划中的应用，并简化 IT 相关的开发。

DSO 定义了其战略意图，并把他们转化成“用例”，即给定的主题场景（例如 RES 连接的优化、RES 发电预测管理或电压设定）。然后建立必要的设备和开发技术：传感器、软件、通信技术等，并且规定目标［KPI（关键绩效指标）］，例如“有效传感器的比率必须超过 90%”。

这是一种开始于战略架构的方法，发展于项目产生的回馈信息。为了避免形成单一技术的浅显战略，有必要从目标开始，现场测试场景并进行成果整合以构建整体设计。

㊀ 2014 年 3 月底，光伏发电装机容量为 1040MW，待装容量为 640MW。

6.6.2　优点

这种方法为构建智能电网项目产生的回馈资本化提供了诸多优点，工业项目供电，预计对工作流程和 DSO 的竞争力都有影响，并会对操作更改后的反射过程起推动作用。该方法还为许多关注这些项目的外部参与者提供了一个讨论基础。使测试的和未测试的“智能服务”都能够精确映射，以适应未来项目的快速发展。

6.6.3　“用例”的发展

公共事业的先驱者，如南加利福尼亚爱迪生公司（Southern California Edison，SCE）和其他 R&D 研究所，如美国电力研究协会（EPRI），开发并使用“用例”方法论。EPRI 于 2010 年创建了一个方法论指南，在“智能电网”项目的背景下，为智能电网项目董事所使用，他们愿意实现该方法的操作。

欧洲，国际电工委员会（IEC）决定推动“智能电网”方法作为参考，实现其标准化[㊀]。

该方法能很好地适应智能电网，可提供以下服务：

—普遍理解下的形式体系，可使人们在兼顾柔性和结构化的方法论背景下描绘并模拟智能电网“系统的系统”的复杂性；

—集体描述的实际过程，包括许多参与者（管理者、工作人员和 IT 专业人员、合作伙伴等），特别要适应 R&D 项目以及智能电网示例项目的背景；

—连贯和结构化的多层次描述，可以分析不同的战略观点（运行和 IT）。

智能电网项目和示例项目的用例资本化须促进企业演进的成果集成（IT 指导方案、电网器材和系统的演进等）和整体改造项目。

智能电网用例的实现方法有很多：

—供内部使用，改善智能电网的详尽更新图片，以细化战略定位、R&D 坐标轴等；

—示例项目和智能电网项目，应符合设计规范需求，并提升智能电网参与各方的视域；

—对于欧洲，通过欧洲的项目，促进 DSO 在其定位和商业模式演变方面的观点；

—国际标准化，提升电力系统操作演变的视域。

㊀ Technical Committee 8（TC8）创建 Ad Hoc Group 5 期间启动进程，然后由 2012 年 11 月创建于 Oslo 的 TC8 Working Group 5（WG5）获取。第一个版本标准 IEC 63559－2 与描述一个用例的文本模型（用例模板）有关，发布于 2013 年。

用例为 DSO 提供了一个进入其业务流程形式化描述周期的机会。如今，商业设计方法和技术的演进使人们能够通过直接控制交换设施来考虑是否在业务流程的描述和 IT 相关实施的耦合方面具有显著的优化。

6.7 关于 DSM 的 ISGAN 高级项目研究

在国际层面，欧盟委员会加入了清洁能源部长级会议（CEM）。CEM 联合了 23 个政府机构，其目标是支持清洁能源技术的发展，广而言之，就是支持可持续的能源系统的转型。

2010 年召开第一届 CEM，国际智能电网行动网络（ISGAN）正式启动，创建了一个多边合作机制，支持智能电网技术和系统的开发和部署。

2011 年，参与政府在国际能源署（IEA）的监督下推出一项实施协议。本协议承认 ISGAN 主管机构，尤其允许来自私营企业的参与者。

案例背景

值此第五届清洁能源部长级会议之际，ISGAN 案例已经正式发布“关注 DSM”。[⊖]

该案例中包括来自 12 个国家的研究：奥地利、加拿大、丹麦、法国、德国、意大利、日本、韩国、南非、瑞典、荷兰和美国，覆盖范围包含：经济、政治、地理、结构、文化和市场。

经验教训和最佳实践为部署需求侧管理（DSM）计划的复杂性提供了定性分析。

12 个案例研究是基于各种不同技术并在特定的市场规则下进行的。他们吸收了各种方案和政策机制，包括成本信息和相关的投资商业案例。

这 12 个案例研究中产生了许多最佳范例和共同主题，对任何利益相关方研究或部署 DSM 都可能是有用的。

以下各节主要阐述 ISGAN 案例的 4 个最高级的项目。

6.7.1 丹麦——EcoGrid EU

EcoGrid EU 实时市场概念的基本原理是利用电力消耗的柔性。在住宅区，柔性通常是与热泵和电热相结合来烧水或保持房屋温暖。

6.7.1.1 目标

EcoGrid EU 项目的目的是阐明信息和通信技术（ICT），以及创新市场的解决方案可以使电力系统的运行使用超过 50% 的 RES，例如风能、生物质能和太

⊖ 来源：http：//www. iea - isgan. org/？ c = 5/112/367&uid = 1300。

阳能光伏（PV）。

6.7.1.2　设计

EcoGrid EU 市场概念基于实时价格信号的发布机制。适应灵活的资源行为，如电热和热泵将有助于维持电力系统的供需平衡。

根据所属的“价格控制系统”，将测试家庭和商业用户分成多个小组：手动控制组 500 户、自动控制组 1200 户家庭和自动价格控制组 100 座工业/商业建筑群。

6.7.1.3　经验教训

虽然项目中的各种延迟一直是一个挑战，但是招募过程仍然被认为是一个成功的案例。在整个招募过程中，与公众的沟通聚焦于社会价值观和环境方面；确保参与者加入 EcoGrid EU 不会“赔钱”。

Bornholm Østkraft 的当地电力公司预计在智能电网配电方案中，能源将是用户服务的一个非常重要的部分。欧洲消费者组织（BEUC）在最近 6 项关于智能电表使用的研究中表明，最佳状况下的实际储蓄平均可达到 2% ~4%，消费者显然做出了明确的选择。

6.7.2　日本——Kitakyushu 构建智能社区项目

为了达到能源的高效利用目的，必须实现以下条件：

—以社区节能节点为中心建立新能源系统；

—用户参与型 DSM，如“动态定价”和“激励计划”。

6.7.2.1　设计

社区能量管理系统（CEMS）是该地区示范项目的核心，安装于智能社区中心。它通过 AMI 与房屋、建筑、工厂和零售实现通信。示范项目的第一年中，提出了一种新的可变化的关键峰值定价方案，该方案建议设置 5 个级别的峰值价格。其目标是使居民参与该项目并对峰值价格做出响应以确定价格水平，该方案的有效性取决于紧急电力的供需情况。

6.7.2.2　结果

在夏天，高峰时段用电的价格在 15 ~150 元分为 5 个等级，将会提前一天通知居民高峰价格。

等级 2 ~5 每个等级相差 10 元，总共相差 40 元，2012 年的夏天，当时的最高温度超过 30℃。

试验组的调峰效果范围介于 9% ~13%，表明价格等级越高，影响越大。

6.7.2.3　经验教训和最佳范例

约 230 户普通家庭的 85% 和 Higashida 几乎 100% 的公司参与示范工程。

高参与率是归功于多个部门的共同努力，例如市政厅向业主和一般居民解释该项目并要求他们参与。居民和政府机关参与该项目不需要支付任何费用。

6.7.2.4 方法

在这些实验中，目标家庭被随机分为两组，“试验组”（应用动态定价）和“控制组”（不适用动态定价）。这种方法称为随机对照试验，是基于美国能源部（DOE）的指导方针。通过两组之间的对比，就可以验证需求响应动态定价的影响。

6.7.3 荷兰——功率匹配型城市

功率匹配型城市是荷兰的一个现场实验室示范项目，其目标如下：

—演示基于本地市场和分布式智能在容量和商品方面的整体优化方法；

—扩展电网运营商的角色：通过将家庭的试验扩展至变压器的方式来验证峰值负荷还原电势。

6.7.3.1 设计

2009 年于 Groningen 的 Hoogkerk 启动项目：功率匹配型城市 I，有 22 个用户，混合水泵，太阳能光伏系统，“智能”设备和 2 台 EV。该项目已成功完工，如今已接受荷兰政府的下一步计划：功率匹配型城市 II，具有额外的 18 个家庭，10 个 EV 和 2 个智能配电变压器。

6.7.3.2 结果

试验表明，可以使用现有技术与相关的市场模型来创建一个智能电网或能源电网。该系统可以使消费者自由传输电力并保持舒适的电力水平。

通过使用功率匹配器，更多的 RES 可以融入电力系统；结果表明，65% ~ 90% 的海上风力发电可以在本地使用，在不进行协调的情况下一般无法正常使用。

允许需求响应追踪供电在技术上是可行的：从微型 CHP 进行测量，混合泵和 EV 的充电表明系统对波动性需求可做出快速响应。

6.7.3.3 经验教训和最佳范例

智能家电

有必要对电器进行设计，包括“智能”家用电器。电器应能够根据当前电力情况自动打开或关闭。这意味着通过因特网可对设备进行编程，从而访问当前电价。

自动化

当消费者接受程度很高时，可以观察到“能源行为”方面的发生了明显的变化。直接能耗受限，但终端用户期望对更加高效节能的家电进行投资，正如他们在预期储蓄方面的投资结果一样。

用户满意度

用户每个月都会获得基于其实际电力消耗的账单。经过与参与者的广泛磋商，开发了两种合约：最便宜的能源账单或局部最大的能源产出。

6.7.4　加拿大——平衡风能的 VPP

洋流电力转换技术充分展示了电网集成虚拟发电厂（VPP），其目的是更加高效地集成风能。

6.7.4.1　目标

该示例项目的主要目标是确定负荷转移能否为风能集成建立新的供电方面辅助服务提供经济有效的替代，这种集成是以最低限不中断的方式服务公共用户。

6.7.4.2　目前状况

为了证明其作为辅助服务的价值，需大量的有效负荷通过聚合器来转移 VPP。用户的参与程度是该项目成功的关键，用户公共设施之间必须建立新型的信任关系以允许设施转移负荷。

2014 年 3 月，通过商业和住宅用户的共同努力，该项目大约已经有 18MW 的可控负荷。该项目的整体用户满意度非常高（达到了 80%）。

6.7.4.3　经验教训

该集团决定开发一种创新 VPP 方案，提供负荷状态管理并提供相当于 10min 的热备用需求。

VPP 近实时的连续运行，因此负荷和聚合器之间以及聚合器和系统运营商之间的连续通信是必需的。

洋流电力转换公用事业公司已发觉，该项目使他们与顾客建立了新型关系，为通信和参与方式提供了新的机会和技术。尽管没有财政奖励和其他财政担保的优势，但用户热情参与，以寻找更高效地集成风能的方式。

商业用户相比住宅用户对中断风险容忍性往往更差。为了降低与此相关的任何风险，必须重新评估用户支持服务，使该项目的员工具有保持与用户之间互动的专业技能。

第7章　智能电网是DSO的未来

7.1　全球DSO的高级智能电网

7.1.1　向智能电网演变是不可避免的

世界上大部分配电系统运营商（DSO）都面临着能源转型的影响，智能电网的演变是不可避免的。在进行演变之前，需要研究当前电力系统的整体状态。为了使研究方式合理化，需要形成一个以投资电网总体规划为形式的架构。如果不实施这些措施，DSO在面临遗忘最终总体目标的风险时，只能采用一种基于技术的短期单一方法。

在某些发展中国家，可以在基本的电气技术设备中设置优先级。欧洲的目标是以尽可能低的成本整合可再生能源（RES），因此要尽可能地推迟电网强化所需的投资。在法国，掌握其峰值是至关重要的。达到该目标的方法之一包括容量市场和负荷管理。

需将信息技术（IT）和电信设计作为总体演变规划的主题。总体规划可以保证技术一致性并追求经济最优。然而技术的发展非常迅速，需要将智能电网项目的反馈集成于DSO的决策中。应该采用“用例”方法来实现这一目标。“用例”方法是一种自下而上的方法，其结果是将DSO的战略意图转化为设备相关的具体目标（传感器、电信方案、软件等）。

对发展中国家来说，重要的是尽快实现电网自动化。的确，如果从一开始就没有实现电网自动化，那后续问题将会变得更加复杂。电网的现代化有双重目标：强化“强电流”组件并插入一个“弱电流”组件，这意味着同时管理电网和IT/电信网络的发展。

只有这两个域之间具有真正的协同效应，智能电网才会获得经济实质。下面通过一些例子来说明：

—有必要开发电信网络以预测电网远程操作设备的安装和使用；

—适当电信方案的智能计量［例如，在南欧的电力线载波（PLC）］对降低非技术损耗是至关重要的；

—没有一个IT总体规划，就会存在非最优化的风险，这将会降低不同系统的功能。

基本的技术经济型计算是稳定投资资本的一个好工具，其挑战是构建高性能的电网。DSO 定义了“优先次序”，允许进行技术选择的分类和优先权的定义：要么强化电网，要么强化智能化和自动化。外部因素（就业、环境等）也可能被考虑到其计算中。

通常，由于没有相关的权限和工具，对良好的电网结构缺乏考虑。例如，当设备发生故障时，是找到相对简单的方案来解决技术问题，而不是启动“资产管理”重点项目，这样可以更快地定义并达到质量目标。

这就需要一个工业设计师，而不仅只是投资的利益相关者。交叉工作被证明在将技术选择集成于商业的过程中是至关重要的。

7.1.2　智能电网的发展对于 DSO 是必不可少的

未能预见到这些“智能”技术的发展可能会给 DSO 带来风险：

—如果 DSO 不是电力系统的主要参与者，这将导致 DSO 经济模型的并发复审；

—新参与者介入地方政府、用户和 DSO 之间（“本地能源系统运营商”），利用了 DSO 活动的一部分的价值，现在被称为“社会化”；

—电网进行分布式发电时保护人员和设备的安全；

—无法控制电网的负荷调节影响；

—大型工程仅具有精确管理约束条件的功能，在强化和连接的投资方面非最优化。

虽然已经开展了关于智能电网不同主题的各种研究，通常从问题类型［光伏（PV）或电动汽车（EV）集成等］、概念性的解决方案（负荷调节或无功功率管理）或一系列组件（智能电表或存储设备）开始研究，在许多有效选项中选择最相关的工具之前，仍需进行以下方面的研究：

首先，结合系统方法中某个特定的对象对其中一个关键因素进行实验探究。

其次，除了电网中的常用组件（电气技术组件、配电结构），将对“主动式”组件进行开发：分散式发电方式、存储方式、通过负荷调节机制对用户家中的负荷进行动态修改。法律按照部分外部激励控制着这些对象和参与者的行为（供应商或聚合器的价格信号和订单）。这还有待通过实验进行建立。测量这些实体和参与者在现实条件下的响应，特别是用户对这些新的电网交互的接受程度，是智能电网示例项目和试点项目的重要风险之一。

最后，不同解决方案的经济价值和该价值所呈现的条件，需要在适应监管环境方面对其进行评估[㊀]。

㊀ 若一个解决方案是经济可行的，那么其应如何设计适应该解决方案的规则？若一个解决方案不是经济可行的，那么又将如何确保阻止该解决方案的规则？

一旦通过了这些研究阶段（单个解决方案的测试、系统测试、系统用户的行为测试、经济和监管选择），就需集成这些解决方案，以最终保存于 DSO 的流程中（运行/开发）。

7.1.3 智能电网对于 DSO 也是一次机遇

—保持高科技发展，进行外部（用户和社区）和内部（演变和提升员工的工作和竞争力）的技术创新。

—大型 DSO 是电网发展的关键角色，一方面，他们有启动研究与开发（R&D）项目的能力，这是那些小型参与者无法做到的；另一方面，通过其中立立场以及通过其控制活动寻找经济最优的方式。

—响应用户和市场参与者的新期望（提供新数据、适应访问条件等）。

此外，DSO 必须要面对的能源政策预案非常多，通常取决于一些不确定性因素（增长率、能源价格、从热用到电力使用的置换、监管模型等）。智能电网为配电网带来了附加柔性，扩大了 DSO 可以实现的解决方案的范围，以提高 DSO 适应快速发展的能力。

配电网经历了一些艰难但具有进步的发展。未来十年之内，电网技术方案的部署很可能会遵循一些新的约束条件和方案。改变终端用户关于能源消耗和能源需求的行为还将需要许多年，这也是试点项目的反馈建议。智能电网与现有配电网总体上具有连续性。

7.2 DSO 的职责和技术发展

7.2.1 竞争力是实验成功的重要因素

为了进行智能电网技术实验和成本效益研究，欧洲 DSO 参与了众多示例项目（超过 100 多项）。这些项目调动了位于 DSO 核心的重要资源：

—在进行实验的区域范围内：项目管理团队、运行团队（使用、一次变电站、运行、掌握决策和实行基础设施）；

—在管理团队层面上：项目的全球发展方向、技术专家的支持、信息和通信系统专家的贡献等。

由于各相关领域（网络、信息系统、经济模型等）和对话者的多样性（工业、地方政府、能源控制机构、欧盟委员会和研究室），所谓的竞争力本质上是管理复杂项目的能力。

7.2.2　一旦完成实验，就需要强化这些资源和竞争力为大规模工业化发展和部署做好准备

虽然在电网中精确地建立一个计划介绍智能电网功能尚为时过早，但也形成了一些指导方针。首先为电网配备用于高级管理的配套设备，然后部署实现功能。

该配备将主要关注一次变电站（运行控制、传感器和自动化）和中压（MV）电网［传感器、自动化和数据传输设备、通常的遥控设备（RCD）和二次变电站］。可通过智能电表配备低压（LV）电网。全球负荷“测量”功能可合并于二次变电站。

加强项目管理、信息和通信系统功能在部署操作中是非常必要的。预知智能电网功能上行部署的站点数据（电网和用户）。

最后，随着生态小区和电动汽车充电基础设施的日益增多，需获得当地政府对于智能电网的支持。DSO 是项目主管，智能电网的技术和概念专家将指导当地政府制定能源转型背景下的发展策略。

在未来电网的运行和维护中行使新的职责和功能。

掌握智能电网技术和功能需在以下 5 个领域有新突破：

1）预测：不同地域和不同时间尺度的消耗和发电预测方案。

2）操作通信和信息系统设施：通信设施发展与电网发展相一致，监管/操作/维护通信网络，通信和设备监管/管理［软件版本、网络安全、监管/操作/维护智能设备（计量系统、自动化和电网传感器）］。

3）运行本地电力系统：分析/预测电网约束，涉及规划和操作的预测管理，重视负荷调节项目，激活柔性方式解除电网约束。

4）管理能源系统参与者间的关系：个性化的连接方案、管理和跟进合同关系、资产负债表、改进周期、连接能源系统参与者［输电系统运营商（TSO）、聚合器、供应商和用户］。

5）管理海量数据：格式化、处理、发布机制、整合市场机制、保护和更新。

扩大“核心工作”竞争力的基础面：指定复杂的技术和竞争能力，一方面，加强高层次专业技术，另一方面，获得 DSO 自动化程度最高的 IT 工具和流程。将大力发展不同作业之间的接口，特别是约束条件的动态管理将使“研究/规划”和“操作/使用”领域之间具有较高的交叉性。开发本地能源系统，优化本地电网，强化 MV 和 LV 电网之间的协调。

部署更加智能和更具交际特点的设备和系统以获得更具突破性的 IT 竞争力，特别是在“操作/使用”领域，使数据管理更加具有策略性。需加强合同管理能力，才能改善能源系统参与者之间的关系。

开发服务消费数据（发布、报告和生成报表）需要具有数据管理、监管和保护功能，以及统计分析的高级专家。当地政府的需求越来越多，特别是为本区域的能源系统提供数据：用于数据管理（可以提供，并且是合同指定的部分）、数据汇聚和分析。

7.3 法国电气部门："智能电网"计划[㊀]

如今，法国对于在未来智能电网中发挥主导作用已具有一定的优势。法国作为电工技术、网络设备和信息系统集成领域的行业领跑者，也可以充分利用超前的电网运营商，R&D 通过大量的示例项目来表示。这项高级研究是在世界著名大学和高效 R&D 中心共同引领下进行的。该行动体现了在最短时间内实现目标的决心。实际上，智能电网不再是实验室的主题，许多解决方案和技术已开始广泛传播。

为了巩固法国电子和信息部门在这些新兴市场的快速增长和创造就业的机会，改善其可见性，并将法国工业置于智能电网的领先地位，需沿着 3 条主轴进行发展：

—从短期角度出发，构建"法国的智能电网"需围绕一个"标签"和一种运行结构使各参与者结成联邦，以确保提升参与者间的协调，从而获得比每个参与者单独行动更大的业务量；

—从中期角度来看，法国从示例项目过渡到某一地理区域智能电网方案的目标部署，研究和教育领域将建立杠杆效应支持就业池的创建，使用网状创新业务，最终创造适于部署和提升该工业优势和吸引力的经济条件；

—从长远角度来看，通过优化智能电网的 R&D 策略，为 2020 年该工业的成本效率做准备，通过提供"开放式创新"平台，运营商集成和产业支持，支持来自中小型企业（SME）和初创企业的实际方案。

支持以下三大发展：

—在智能电网标准化方面，法国通过实现最初制定的管理实体的核心进程强化法国的效率行动，特别是通过强化战略领域的互操作性标准，实现法国的战略性地位；

—实现方法论工具，使具有重大意义的智能电网部署在创造集体就业和价值方面得到体现，同时减少环境足迹；

—通过学习现有电网的"核心竞争力"，组织导向体帮助 SME，把创新思想应用于智能电网领域，以开发法国核心市场和国际市场。

㊀ 来源：法国新型工业："智能电网"指导纲要，于 2014 年 5 月 7 日在 Elysee Palace 进行了论证。

第8章 主要结论

8.1 智能电网或实际电网革命

从一开始，电网功能都遵循着相同的法则：从上游（发电厂）输送电力至下游（领域范围内的用户）。该系统满足了许多需求：使用典型的“分支”架构，它们的电缆分支越来越多，同时在成本和产品质量以及用户服务方面保持高效性能。

能源转型将彻底改变能源格局，同时在电网约束和新兴市场的兴起方面都会进行重要演化，以最优方式管理这些约束（法国消费峰值增长了两倍）。

配电网中可再生能源（RES）和新用途（如电动汽车和热泵）的大规模涌现推翻了传统的电网运营模式。潮流主要在以下两个方向上：当采用集中式发电时，潮流是从上游至下游，当采用以风能或太阳能为主的分布式 RES 发电时，潮流是从下游至上游。

这种演变需适应于其电网：该问题不再是根据相对可预见的单向分布制定电网标准，必须考虑可变双向流动的本地等级以集体最优技术经济开发和使用电网。

为了开发预测和改变能量流的功能，有必要加强系统参与者之间的协调，在强化电网和动态管理约束之间找到平衡点，处理海量的数据和信息，以确定并激活最高效的控制方式。

电网强化通常遵循 RES 的发展，在保证安全性的条件下确保集成性。投资水平与 RES 发电部署点和消费区域之间的距离具有同样的重要性。

此外，如果 RES 发电部署点和消费区域之间的距离太远，将需要根据周边地区的需求允许输出盈余电力。在某些特定的情况下，可能还需要创建一个新电网络，其发电部署点位于未服务地区。

8.1.1 智能电网

智能电网是现有和未来电网的象征，不受技术革命的制约，其主要挑战在于设施的现代化和更新。配电系统运营商（DSO）将实现使用设施的全容量（寿命、损耗等）方案。通信网络是智能电网的基础：可使准实时多个传感器连接到中央系统。

DSO 使用专线、电力线载波（PLC）、无线电、中继连接或光纤。最后，处理和监控系统集成了信息技术的最新发展。必须在集中式和非集中式之间找到一种平衡方式，以性能建设为目标，不论海量数据在功能方面还是在地理位置方面都是否趋向于最优集成级别。

8.2 更多的 RES 意味着更大的电网

RES 发电的间歇特性需要电网能够保证以满功率向用户供电而不论风能和太阳能的条件如何。电网扮演“互助保险”的角色，尽管出现与天气或消费波动相关的灾害，都要保证用户供电的可靠性和安全性。

DSO 是整个电气系统核心任务分配的关键角色：TSO 确保国家层面上的供需平衡和频率稳定性，DSO 确保本地电压水平的连续性。

过剩的 RES 发电提高了电压水平。相反，过量的需求导致产生较低的电压。可能发生这种现象，例如，当大量同行电动汽车（EV）同时充电时（沿着同样的道路），其电网标准并不支持这样的负荷。

该规程实际上允许低压（LV）电网的额定电压在 10% 偏差以内运行。除这些限制以外，用户设备和电网设备一样，可以经受过电压升高情况的损坏，而在强电压降低期间会出现用户设备和电网总体运行中断的情况。

考虑到存在新的约束限制，需要修改电网电压方案以允许更加柔性的运行模式。

DSO 担当中立市场引导者的角色，要求提供除电网强化选项以外不同时段的柔性服务。

预测管理变成了一项真正的工作：根据气象预报，开发预测风能和太阳能光伏（PV）发电的软件。同样地，开发预测本地需求的软件。因此必须预见将出现在不同地点和时间段的拥塞（电网约束）。

DSO 将争取实现柔性以解除这些约束条件并保证电网的稳定运行。DSO 开发技术汇聚平台，以促进发电标准（RES 发电）、需求标准（充电和切断）或储存设施标准的提供。它定义了一个“优先顺序”，根据成本/收益比率将不同的柔性方案进行排序。

8.3 DSO 是引导者

就 DSO 本身而言，DSO 不是甩负荷、存储或发电的参与者，而是中立的市场参与者，使（促进）新的柔性进程的出现或实施成为可能。DSO 在与市场参与者的竞争中并不销售商业服务。

欧洲网络编码的目标是为所有柔性成员创建一个通用构架。如果有必要，将需要对市场规则（当天和前一天）做出相应调整。

智能电表的广义部署提供了多种优势：首先，对于用户来说，可以根据实际指数（“消费/支付”）和远程操作（打开/关闭，容量转移）进行远程管理而不必烦扰用户。此外，如果发生故障，也有助于诊断和快速修复。

法国 Linky 项目的附加功能是简化用户信息（访问互联网网站每天更新的数据，访问先前的消耗，将无线电收发器连接到访问实时信息）。Linky 也能够通过 8 个信号用于家用电器，给出从供应商接收到的定价表。

根据峰值/非高峰比率，Linky 不仅可以用于热水箱，法国已经使用了 40 年，而且也可以用于房屋配电盘的其他电缆：例如，EV 收费终端，每个房间的电加热或家用电器供电。新表，允许出现移动峰值，例如，夏天子午线高峰期间太阳能或风能发电充裕期间进行 EV 充电（见德国“Wash with The Wind”项目）。

8.4 消费者或者“消费管理者”?

住宅用户可以对其消费进行更详细的了解。如果用户愿意，便可以成为“消费管理者”，即通过改变其消费行为从而影响能源消耗情况。“消费管理者”可以获悉威胁整个配电网平衡的电力需求高峰，可能导致局部地区发生“断电”（街区、村庄）。

这些信息将使“消费管理者”在一天、一周或一年的某些特定时间段内推迟其消费或放弃某些应用（推迟某些消费、微微降低某些房间短期内和周期性的加热温度、推迟启用家用电器）。

与交通信号控制相类似，可以设想 3 个干预级别。如果灯是绿色的，用户可以根据有利于自身的信息元素做出决策，以改变其消费和峰值。如果灯是黄色的，能源供应商或由用户授权的任何其他参与者都可以发送其价格信号，从而影响用户的家用电器。如果灯变成红色，表示有可能会发生“断电”。DSO 必须为维护共同利益而采取行动：关闭部分或全部潮流，从而保证为大多数用户实现最小供电。

其他用户—消费者通过在其屋顶安装光伏板实现发电。如果配电网的融资一直维持在一个由所有用户共享的承载率的标准水平之上，包括发电机，则自动消费是可以接受的。

还有一些用户可能会使用自己的 EV 电池、热电联产设施或其他本地发电方式。

8.5 智能电表服务于智能电网

智能计量的目的在于使 DSO 可以观测 LV 电网以实现更好的运行。复杂度对于运营商而言越来越重要了，把 LV 电网当作中压（MV）电网使用，复杂度的作用是至关重要的，从而采用综合方法和常用工具管理单一电网。例如，智能电表信息输入可以针对二次变电站实现地区调度。

某些国家为实现 MV 电网的现代化和自动化付出了相当大的努力。例如法国，过去的 15 年里创建了 30 个地区调度中心，安装了 100000 台远程控制设备（RCD），通过加强电子“回路”实现了整体架构的演变，还实现了自动“自愈”［自动操作功能（AOF）］高级软件，并根据电网约束条件优化实施方案［自动网络功能（ANF）］。

8.6 智能泡沫？

要进行电网工业革命仍需要克服许多障碍。

智能电网的投资需要参与者之间的公平分配。在大多数国家，智能电网基础设施由 DSO 实施。DSO 也同其他参与者一样可以从中受益：RES 发电机、能源供应商、聚合器等。如何确保受益者的成本公平再分配？应该建立哪些激励？应如何监管整个系统？

已拥有某些成熟的工业技术，并且在试点项目中已进行了首次测试。只有在某区域范围内才可以根据可靠性和成本确认所做的假设选择。特别是 DSO，将必须在涉及通用缺陷的方面保持警惕性，否则很容易降低整个系统的可靠性和安全性。

数据管理对于 DSO 是一个新的挑战，DSO 必须做好管理复杂性和提高信息容量的准备。许多“大数据”参与者在这里看到了发展机会，但是 DSO 必须冒着失去其重要使命的风险控制这一区域。积极做准备：提高竞争水平，并掌控系统的积极发展。为了应对大型故障和恶意攻击的威胁，正在围绕电网安全研发最高级的技术方案。

在充分的互操作性背景下工业才能得到发展，这也将有利于设备供应商之间的竞争，从而降低 DSO 的成本。需在欧洲和全球层面推行标准化工作，为智能电网技术提供一种普遍特性。

计量表和家用电器之间的接口受许多技术选择的影响（通信频带和协议的选择），使两者之间的连接变得很困难，甚至不可能实现，在一定经济条件下为运行家用设备而进行工业设备的部署，是大多数用户可以接受的。“住宅”区域内 DSM 经济模式的可行性还有待证明。其障碍与终端用户接受相关的新技术和服务有关，这也取决于分散系统创建的价值的公平再分配及相互依存的职责。

8.7 节省成本?

事实上，基本从一开始用户就受益于计量表所提供的新服务（信息、设备操作、甩负荷等）。智能建筑和智能城市项目还处于大规模营销运作的起始阶段，不能确保需求管理的技术和经济可行性。

“智能泡沫”是一个真正的风险。一旦实施失败，会给用户带来负面影响，没有人能完全拒绝电网现代化，包括智能电表和所有其他侵入其私人生活的应用。

需求管理以域的形式体现，能源供应商和聚合器可以通过提供日益复杂的服务区分彼此。消费者协会反对用户支付供应商的服务以制造能源经济的提议。尽管试验和试点项目正在进行中，但控制家用电器的设备技术可行性和大型住宅区的减载仍有待验证。

为了实现个别用户的大规模减载，仍需要开发复杂算法。此外，用于衡量减载的方法并不一定属于一种共识，尽管 ERDF 建议的面元法已经经历了一个独立公认主体的认证过程，即 GENEX – INSEE。

8.8 智能电网：真正的工业契机

电网经历了深刻的演化。十多年来，与 RES 和 EV 相关的技术解决方案的部署发展迅猛。智能电网象征着一次真正的工业契机：许多成熟技术和许多创新的到来，促进工业发展，许多国家的示例项目正在进行中，这些示例项目可以积累丰富的经验；政治界对智能电网概念感兴趣，因为它可以成功地实现其能源政策的既定目标和众多电网必要的重要投资。所有这一切形成了一个开始部署新技术水平的恰当时机。

如果在地区或区域范围内实现智能电网的全局部署，则将更容易获得智能电网的预期收益。这就是进行重要革新（欧洲）和开发新型电网（发展中国家）是启动大规模部署关键机遇的原因，将使人们能够连贯地测试智能电网的各个方面：从电网性能到用户服务。

智能电网将通过调动转型成功所必需的人才资源，显著提高 DSO 对年轻的工程师和技术人员的吸引力。围绕 DSO 引领的智能电网项目，形成了一个初创企业、实验室、高校、工程类院校和大型工业企业的完整生态系统开端。

参考文献

[ADE 13] ADEME, ATEE, DGCIS, Etude sur le potentiel du stockage d'énergie, October 2013.

[ADE 14] ADEME, Fiches des démonstrateurs Smart Grids du programme d'investissements d'avenir, June 2014.

[ALL 12] ALLIANCE G3, G3-PLC powerline communication standard for today's smart grid, October 2012. Available at http://www.g3-plc.com/

[ALL 14] ALLIANCE G3, Présentation de l'alliance CPL G3, 29 August 2014.

[CAP 12] CAPENERGIES, SCS, La chaîne de valeur du marché des smart grids, ITEMS International, June 2012.

[CEE 14] COUNCIL OF EUROPEAN ENERGY REGULATORS (CEER), "Status review on European Regulatory approaches enabling smart grids solutions 'Smart Regulation'", February 2014.

[CIG 14] CIGRE, Electric transmission and distribution power, Special issue on Russian Networks, August 2014.

[CRE 13] COMMISSION DE RÉGULATION DE L'ENERGIE (CRE), Développement des réseaux électriques intelligents en basse tension, 4 November 2013.

[CRE 14a] COMMISSION DE RÉGULATION DE L'ENERGIE, (CRE), "l'Expérimentation Linky en France", http://www.smartgrids-cre.fr/index.php?p=compteurs-linky, 2014.

[CRE 14b] COMMISSION DE RÉGULATION DE L'ENERGIE, (CRE), "Synthèse de la consultation publique de la CRE sur le développement des réseaux électriques intelligents en basse tension", http.cre.fr/documents/consultations-publiques/developpement-des-reseaux-electriques-intelligents-en-basse-tension, 12 June 2014.

[CRE 14c] COMMISSION DE RÉGULATION DE L'ENERGIE, (CRE), "Recommandations sur le développement des réseaux électriques intelligents en basse tension", http.cre.fr/documents/consultations-publiques/ developpement-des-reseaux-electriques-intelligents-en-basse-tension, 12 June 2014.

[DOE 12] US DEPARTMENT OF ENERGY (DOE), "2010 smart grid system report", February 2012.

[DOE 13] US DEPARTMENT OF ENERGY (DOE), "Smart grid investment grant program: progress report 2", October 2013.

[DOU 14a] DOULET A., Le développement des réseaux électriques de distribution en France, March 2014.

[DOU 14b] DOULET A., Quelques reflexions sur le développement des réseaux électriques de distribution à l'international, April 2014.

[DOU 14c] DOULET A., Smart Grids: une opportunité pour moderniser les réseaux de distribution, April 2014.

[EDP 14] EDP, "The InovGrid project", March 2014.

[EDS 14a] EDSO, EDSO presents views on system flexibility ahead of European Commission energy retail market communication, May 2014.

[EDS 14b] EDSO, Retail energy market: Supplementary response to the European Commission's public consultation, April 2014.

[EDS 14c] EDSO, Flexibility: The role of DSOS in tomorrow's electricity market, May 2014.

[EEA 13] EUROPEAN ENVIRONMENT AGENCY, Trends and projection in Europe 2013, October 2013.

[EIA 14] US ENERGY INFORMATION ADMINISTRATION (EIA), International energy outlook 2013, March 2014.

[ERD 13] ERDF, "Smart Grids, les réseaux électriques intelligents", July 2013.

[ERD 14a] ERDF, "Linky, le compteur nouvelle génération", http://www.erdf.fr/Linky/, 2014.

[ERD 14b] ERDF, En attendant les compteurs intelligents, 2014.

[ERD 14c] ERDF, "Spécifications du profil CPL Linky", http:// www. erdf.fr/medias/ Linky/ERDF-CPT-Linky-SPEC-PROFIL-CPL_ Specifications_du_profil_CPL_Linky.pdf, 2014.

[ENE 14] ENEXIS, International development of G3-PLC, March 2014.

[EUC 10] EU COMMISSION TASK FORCE FOR SMART GRIDS – EXPERT GROUP 1, Functionalities of smart grids and smart meters, December 2010.

[EUC 13] EU COMMISSION TASK FORCE FOR SMART GRIDS – EXPERT GROUP 3, Options on handling smart grids data, January 2013.

[EUC 14] EU COMMISSION – DG ENER, The role of DSOs in a smart grid environment, April 2014.

[EUR 13a] EURELECTRIC, Power distribution in Europe – facts and figures, November 2013.

[EUR 13b] EURELECTRIC, Active distribution system management:

a key tool for the smooth integration of distributed generation, February 2013.

[EUR 14] EURELECTRIC, Flexibility and aggregation: requirement for their interaction in the market, January 2014.

[EWI 12] EWI, Flexibility options in European electricity markets in high RES-E scenarios, October 2012.

[GAL 11] GALLI S., SCAGLIONE A., WANG Z., "For the grid and through the grid: the role of power line communication in the smart grid", *Proceedings of the IEEE*, vol. 99, no. 6, pp. 998–1027, June 2011.

[GSG 12] GLOBAL SMART GRID FEDERATION (GSGF), "Report 2012", 2012.

[HAD 10] HADJSAID N. (ed.), La distribution d'énergie électrique en présence de production décentralisée, Hermès Science – Lavoisier, March 2010.

[HAD 11] HADJSAID N., SABONNADIÈRE J.-C., *Electrical Distribution Networks*, ISTE, London and John Wiley & Sons, New York, May 2011.

[HAD 12] HADJSAID N., SABONNADIÈRE J.-C., *Smart Grids*, ISTE, London and John Wiley & Sons, New York, April 2012.

[HAD 13] HADJSAID N., SABONNADIÈRE J.-C., *Power Systems and Restructuring*, ISTE, London and John Wiley & Sons, New York, February 2013.

[IEA 13] INTERNATIONAL ENERGY AGENCY (IEA), "Global EV Outlook – understanding the electric vehicle landscape to 2020", April 2013.

[IEA 14a] INTERNATIONAL ENERGY AGENCY (IEA), "World energy Outlook 2013", March 2014.

[IEA 14b] INTERNATIONAL ENERGY AGENCY (IEA), "Energy policy Highlights 2013", March 2014.

[IEA 14c] INTERNATIONAL ENERGY AGENCY (IEA), "Energy Technology Initiatives 2013", March 2014.

[ISG 13] ISGAN, AMI case book spotlight on advanced metering infrastructure, April 2013.

[ISG 14] ISGAN, Spotlight on demand side management, February 2014.

[JRC 14] JRC, "Smart Grid Projects Outlook 2014", June 2014.

[KPM 12] KPMG/INSTITUT CHOISEUL, Compétitivité énergétique

des Etats, Baromètre 2012, 26 November 2012.

[LEW 12] LEWINER C., DAVID P., European energy challenges, 25 April 2012.

[MAL 14] MALLET P., GRANSTRÖM P.-O., HALLBERG P., *et al.*, "European perspectives on the future of electric distribution", *IEEE Power & Energy magazine*, vol. 12, pp. 51–64, 2014.

[MCK 13] MCKINSEY GLOBAL INSTITUTE, Disruptive technologies: advances that will transform life, business, and the global economy, May 2013.

[OBS 13] OBSERV'ER, Etat des énergies renouvelables en Europe, 2013.

[PER 84] PERSOZ H., LEMOINE J.-C., SAPET P., *et al.*, *La planification des réseaux électriques*, Eyrolles, 1984.

[PER 12] PERCEBOIS J., MANDIL C., Report energies 2050, 2012.

[ROC 02] ROCHET J.C., TIROL J., "Platform competition in two-sided markets", *Journal of European Economic Association*, vol. 1, no. 4, pp. 990–1029, 2002.

[RTE 14] RTE, "Bilan électrique 2013", February 2014.

[SAL 13] SALON C., HUET O., BLANC F., How DSO facilitate system optimisation in new market mechanisms for distributed resources, Internal Report, June 2013.

[UIT 12] UIT-T, Emetteurs-récepteurs de courants porteurs en ligne avec multiplexage par répartition orthogonale de la fréquence (OFDM) à bande étroite – Spécification de la densité spectrale de puissance, November 2012.

[WEC 12] WORLD ENERGY COUNCIL: WORLD ENERGY PERSPECTIVE, Smart grids: Best practice fundamentals for a modern energy system, 2012.

[WSG 13] WORLD SMART GRID FORUM 2013, Results and recommendations, September 2013.

[ZPR 11] ZPRYME RESEARCH & CONSULTING, China: rise of the smart grid, January 2011.

[ZPR 12] ZPRYME RESEARCH & CONSULTING, China: state grid corporation of China profile, March 2012.

Author articles and interviews

[BOI 11a] BOILLOT M., "La révolution annoncée du compteur communicant", *BIP Enerpresse*, 12 April 2011.

[BOI 11b] BOILLOT M., "ERDF: signature de contrat avec la Russie", *Le Figaro*, 18 March 2011.

[BOI 11c] BOILLOT M., "La grande évolution des réseaux d'électricité", *Revue de l'Electricité et de l'Electronique*, no. 6, 2011.

[BOI 12a] BOILLOT M., "Linky, un élément déterminant du système électrique", *Enerpresse*, 24 January 2012.

[BOI 12b] BOILLOT M., "ERDF doit faire face à la montée en puissance des énergies éolienne et solaire", *Smart Planet.fr*, 24 January 2012.

[BOI 12c] BOILLOT M., "Une Chaire d'excellence sur les Smart Grids", *Le Dauphine*, 6 May 2012.

[BOI 12d] BOILLOT M., "Smart, un peu, beaucoup, passionnement!", *Energie plus*, October 2012.

[BOI 12e] BOILLOT M., "ERDF: un fil conducteur, l'innovation", *Le journal des Grandes Ecoles*, April 2012.

[BOI 12f] BOILLOT M., Le "Smart Grid, réseau de demain", *La Jaune et la Rouge*, April 2012.

[BOI 13a] BOILLOT M., "La révolution smart grids: quels développements et perspectives au-delà des réseaux d'énergie?", *Forum syntec ingenierie*,7 November 2013.

[BOI 13b] BOILLOT M., "Réseaux intelligents, la révolution opportune", *Le Moniteur*, November 2013.

[BOI 13c] BOILLOT M., "Electricité: de la souplesse sur le réseau", *Science et Avenir*, October 2013.

[BOI 13d] BOILLOT M., "Comment optimiser le réseau", *Environnement et Energie*, June 2013.

[BOI 13e] BOILLOT M., "Houat et Hoëdic ont expérimenté la limitation télécommandée de puissance", *Enerpresse*, April 2013.

[BOI 13f] BOILLOT M., "SoGrid: la révolution du réseau pensant", *Le Point*, April 2013.

[BOI 13g] BOILLOT M., "ERDF: plus visible et plus exposé", *Enerpresse*, March 2013.

[BOI 13h] BOILLOT M., "En Vendée, le réseau électrique va devenir intelligent", *La Croix*, July 2013.

[BOI 13i] BOILLOT M., "Les missions tout-terrain d'ERDF au

Liban", *Les Echos*, 6 March 2013.

[BOI 13j] BOILLOT M., "Réseaux électriques intelligents", *Le Monde*, 28 November 2013.

[BOI 13k] BOILLOT M., "Quand la réforme du réseau de l'électricité se met en route", *L'Orient Le Jour*, 23 January 2013.

[BOI 13l] BOILLOT M., "La gestion déléguée des réseaux, spécialité française", *CCE International*, January 2013.

图书在版编目（CIP）数据

配电系统运营商的高级智能电网/（法）马克·布瓦洛著；薛建彬等译. —北京：机械工业出版社，2016.12

（国际电气工程先进技术译丛）

书名原文：Advanced Smart Grids for Distribution System Operators

ISBN 978-7-111-55519-3

Ⅰ. ①配… Ⅱ. ①马… ② 薛… Ⅲ. ①智能控制 - 电网 Ⅳ. ①TM76

中国版本图书馆 CIP 数据核字（2016）第 287411 号

机械工业出版社（北京市百万庄大街 22 号 邮政编码 100037）

策划编辑：顾 谦 责任编辑：顾 谦

责任校对：刘 岚 封面设计：马精明

责任印制：李 洋

三河市国英印务有限公司印刷

2017 年 1 月第 1 版第 1 次印刷

169mm × 239mm · 8.5 印张 · 149 千字

0 001—3 000册

标准书号：ISBN 978-7-111-55519-3

定价：49.00 元

凡购本书，如有缺页、倒页、脱页，由本社发行部调换

电话服务 网络服务

服务咨询热线：010 - 88361066 机 工 官 网：www.cmpbook.com

读者购书热线：010 - 68326294 机 工 官 博：weibo.com/cmp1952

010 - 88379203 金 书 网：www.golden - book.com

封面无防伪标均为盗版 教育服务网：www.cmpedu.com